彩图 1　绞肉机

彩图 2　磨浆机

彩图 3　和面机

彩图 4　打蛋机

彩图 5　发酵箱

彩图 6　大中型压面机

彩图 7　小型压面机

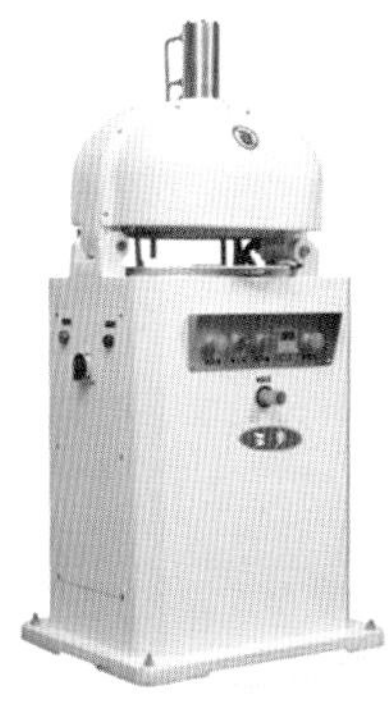

彩图 8　分割机

彩图 9　开酥机

层烤炉

热风炉

隧道炉

彩图 10　烤箱

彩图 11　电饼铛

彩图 12　油炸炉

彩图 13　蒸煮灶

彩图 14　木质工作台

彩图 15　不锈钢工作台

彩图 16　走槌

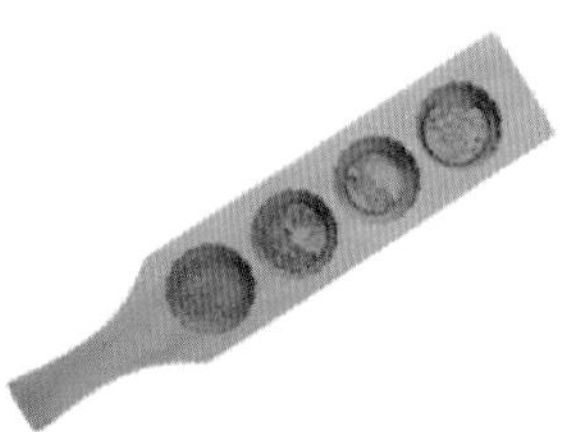

彩图 17　印模

彩图 18　抄拌法

彩图 19　搅拌法

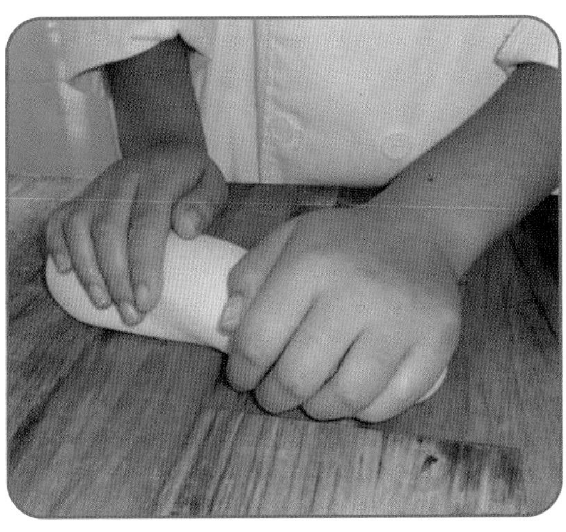
彩图 20　双手揉

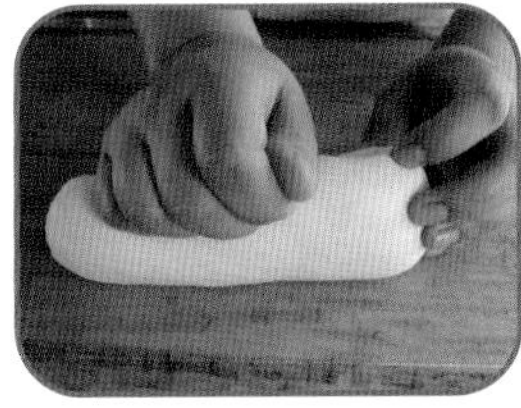
彩图 21　单手揉

彩图 22　搓条

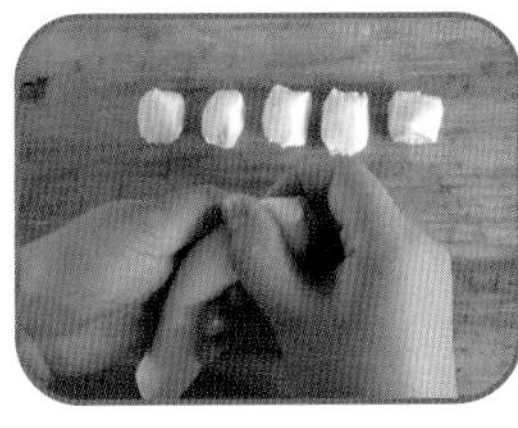
彩图 23　揪剂

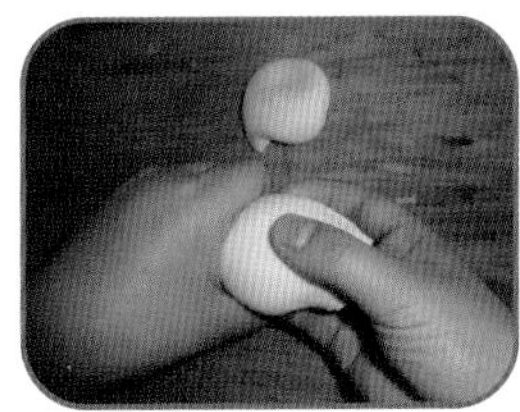
彩图 24　挖剂

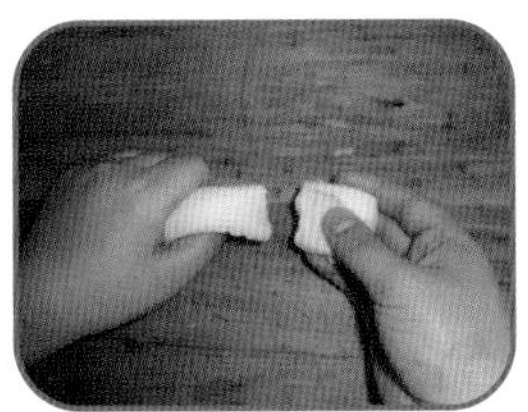
彩图 25　拉剂

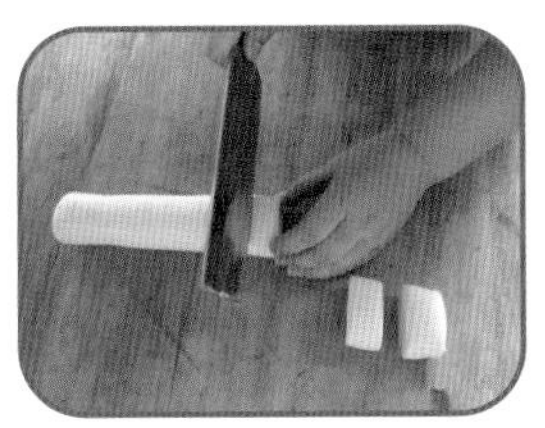
彩图 26　切剂

彩图 27　擀皮

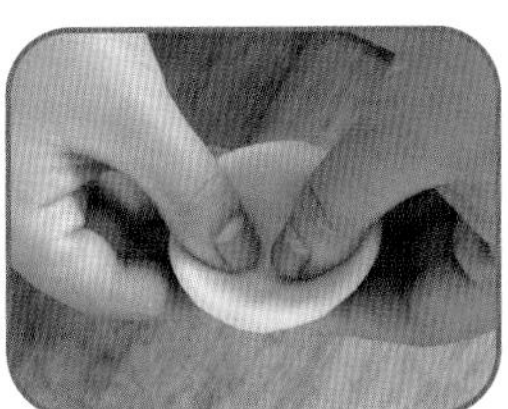
彩图 28　捏皮

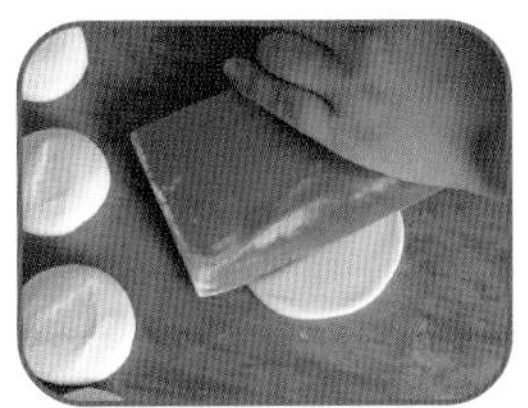
彩图 29　拍皮

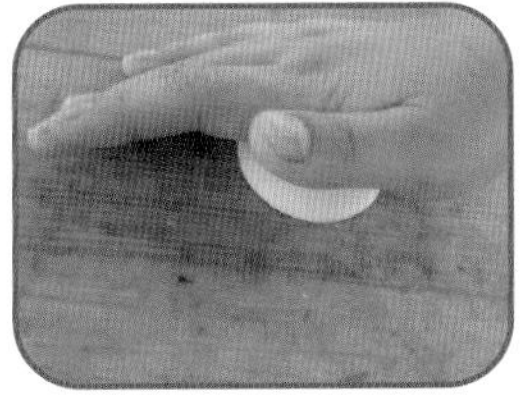
彩图 30　按皮

彩图 31　摊皮

彩图 32　敲皮

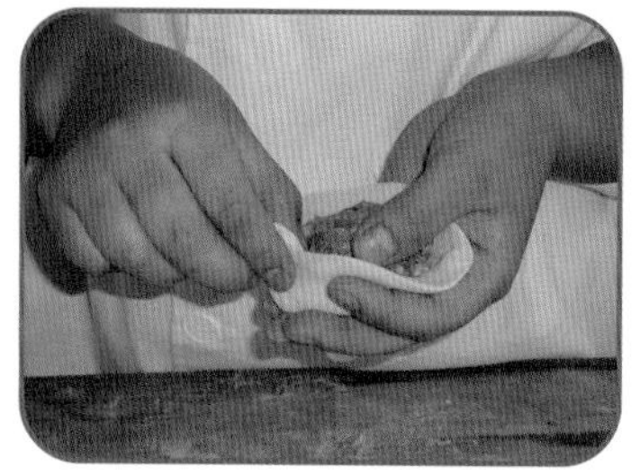

彩图 33　包馅法

彩图 34　卷馅法

彩图 35　夹馅法

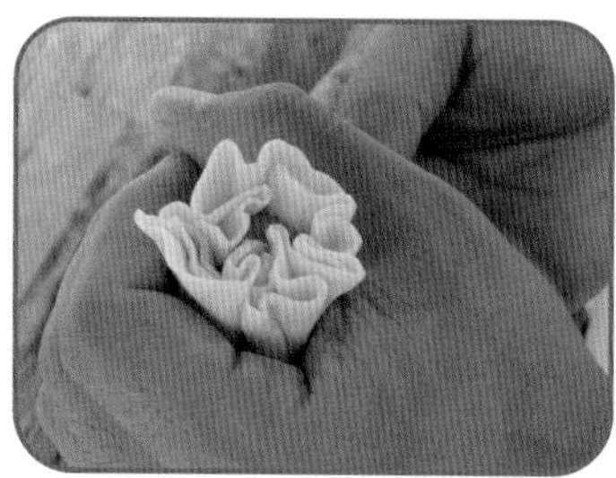

彩图 36　拢馅法

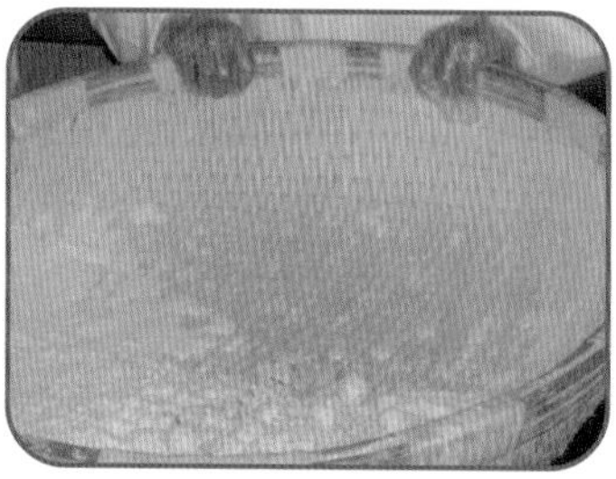

彩图 38　酿馅法

彩图 37　滚粘法

彩图 39　水饺成型

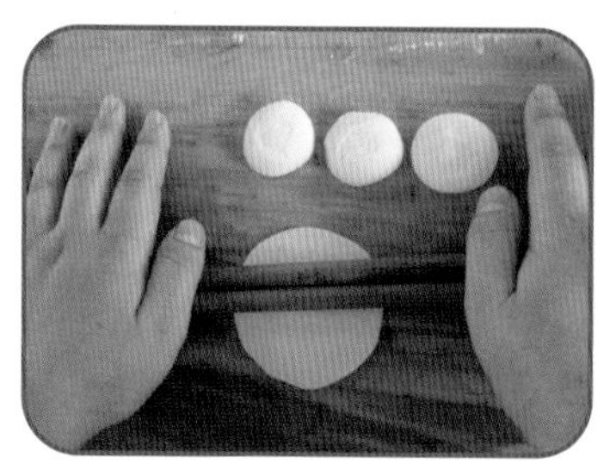

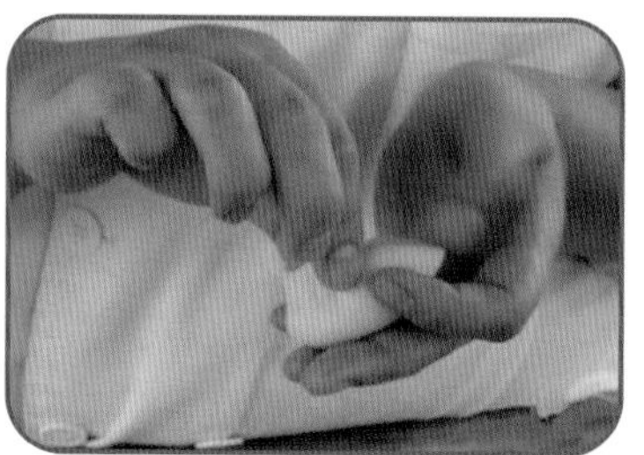

彩图 40　蒸饺成型

彩图 41　白菜饺成型

彩图 42　冠顶饺成型

彩图 43　麻花成型

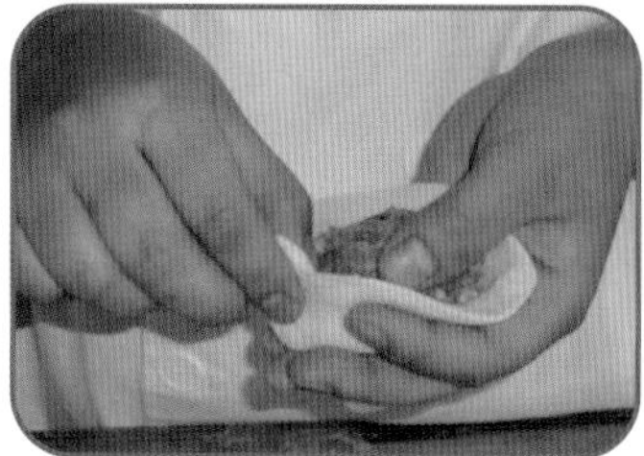

彩图 44　包子成型

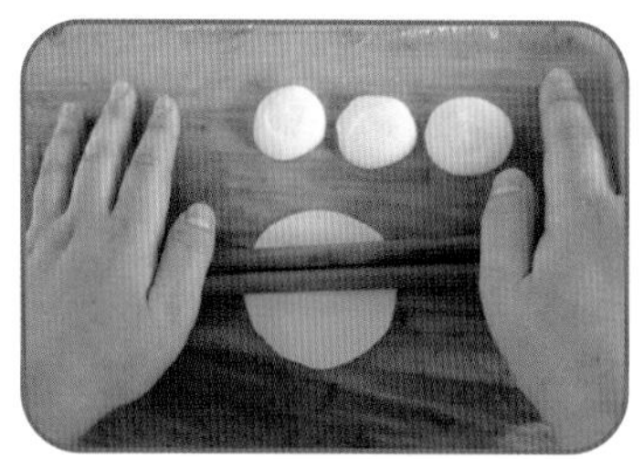

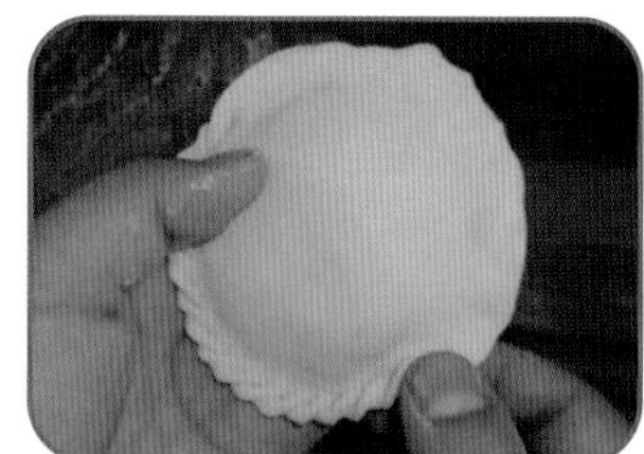

彩图 45　盒子成型

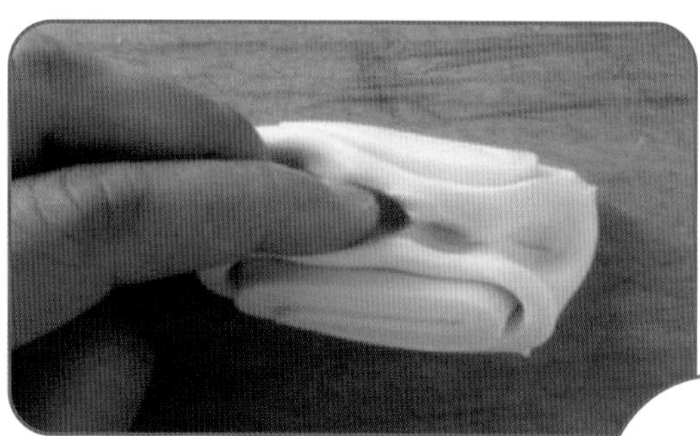

彩图 46
花卷成型

彩图 47　溜条

彩图 48　出条

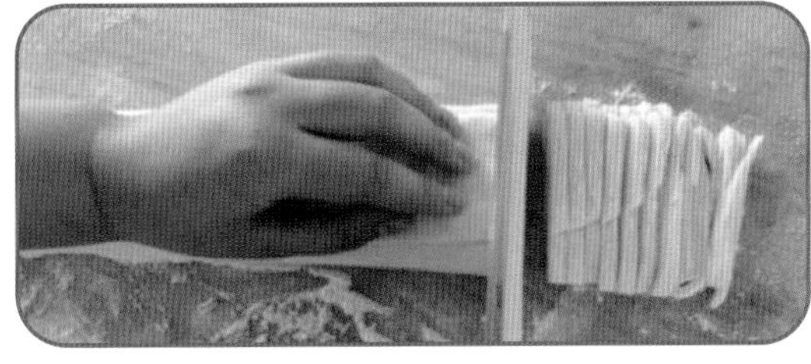

彩图 49　刀切面成型

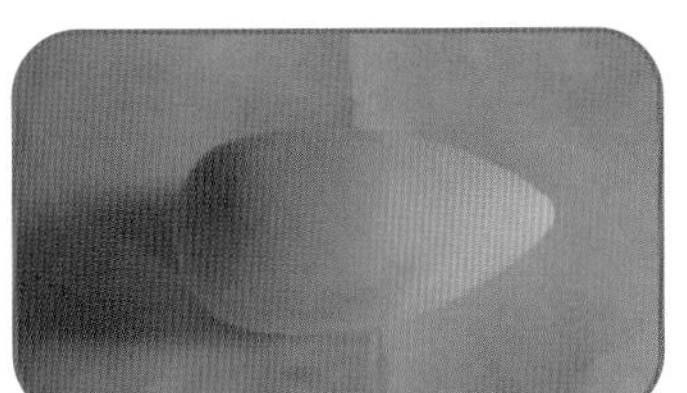

彩图 50　刺猬包成型

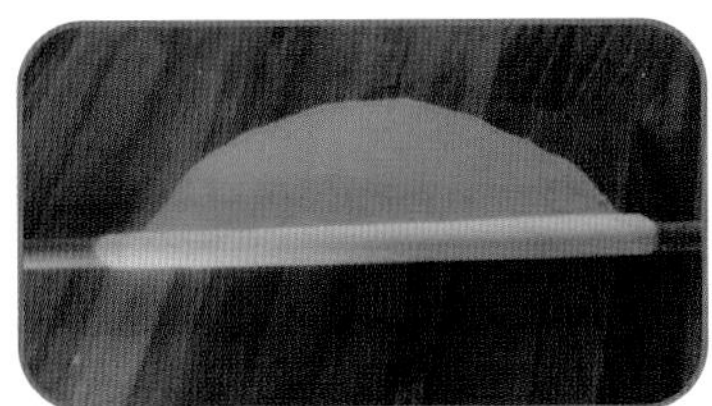

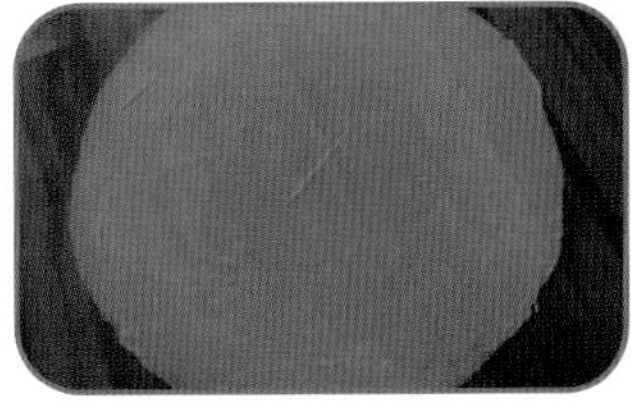

彩图 51　单饼成型

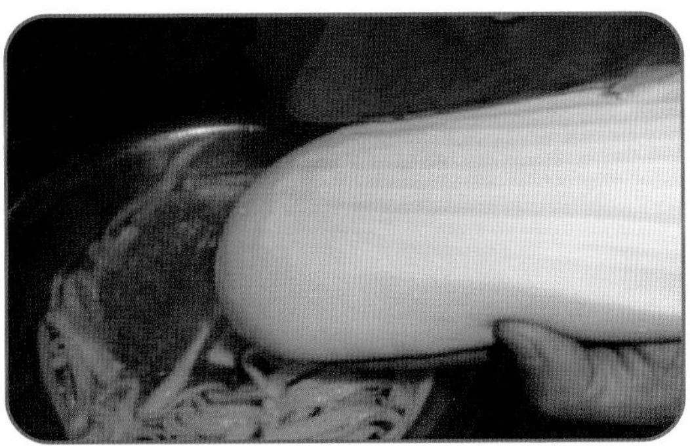

彩图 52　刀削面成型

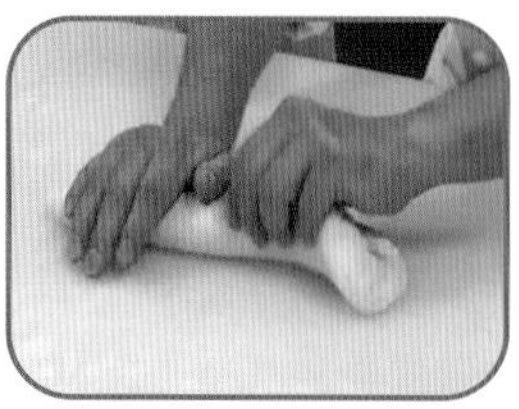
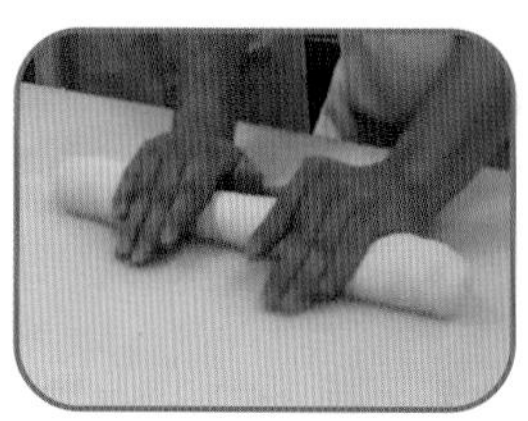
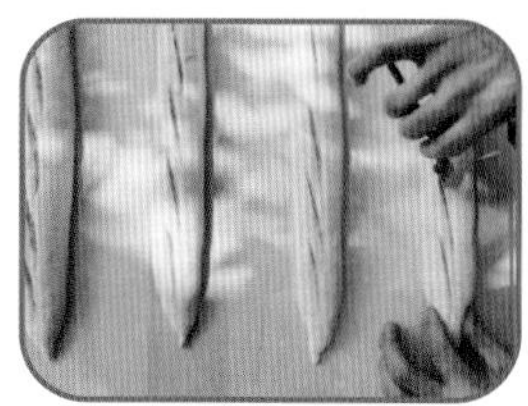

彩图 53　法式面包成型

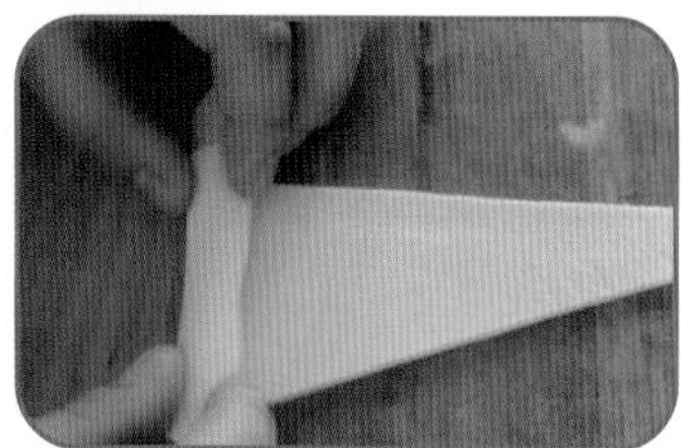
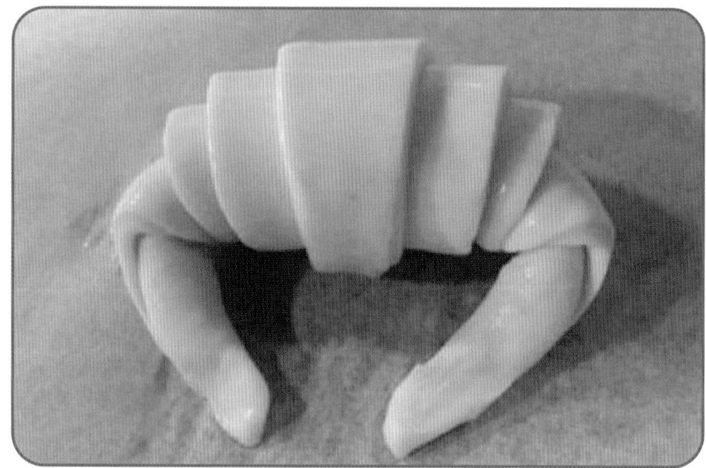

彩图 54　牛角包成型

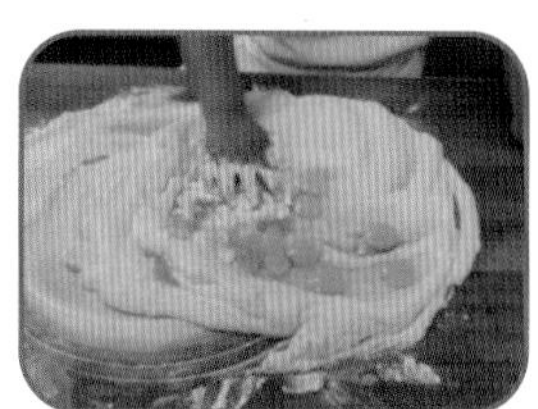

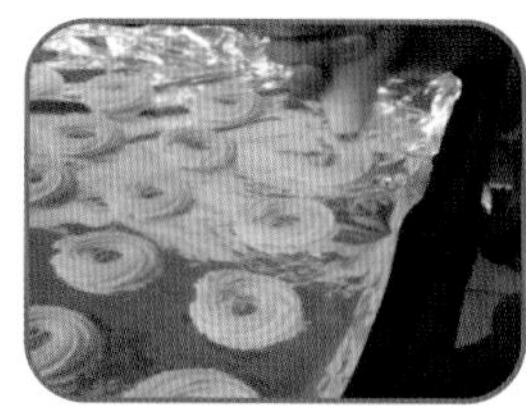

彩图 55　曲奇饼干成型

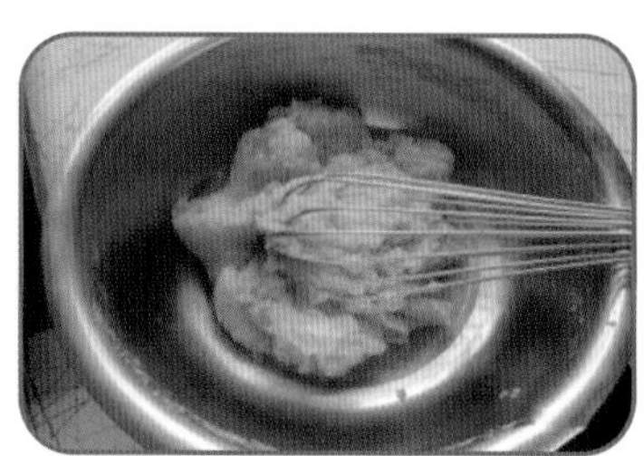
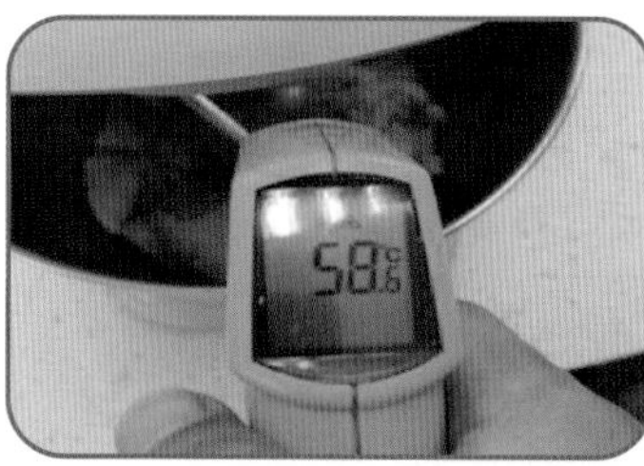

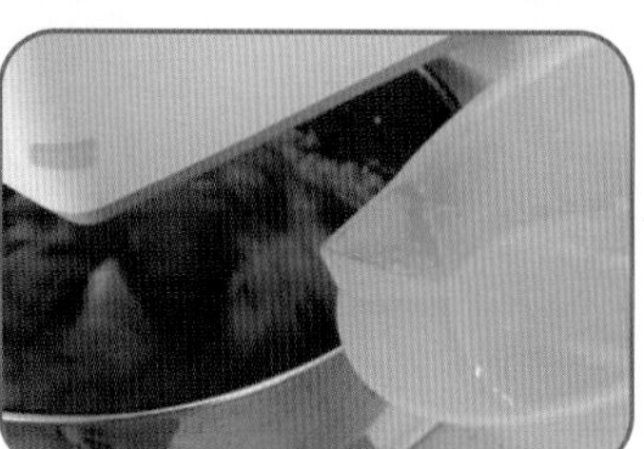

彩图 56　泡芙成型

职业教育“十四五”规划烹饪专业系列教材

面点基本功实训教程

（第2版）

主　编　王成贵　葛小琴　马福林

副主编　荣　明　张　佳　林　峰

参　编　张　敏　王子桢　李泽天

中国财富出版社有限公司

图书在版编目（CIP）数据

面点基本功实训教程 / 王成贵，葛小琴，马福林主编. —2版. —北京：中国财富出版社有限公司，2021.7

（职业教育“十四五”规划烹饪专业系列教材）

ISBN 978-7-5047-7482-8

Ⅰ. ①面… Ⅱ. ①王… ②葛… ③马… Ⅲ. ①面点—制作—职业教育—教材 Ⅳ. ①TS972.116

中国版本图书馆 CIP 数据核字（2021）第143221号

策划编辑 谷秀莉　**责任编辑** 邢有涛　栗　源
责任印制 尚立业　**责任校对** 孙丽丽　**责任发行** 杨　江

出版发行	中国财富出版社有限公司		
社　址	北京市丰台区南四环西路188号5区20楼	**邮政编码**	100070
电　话	010-52227588 转 2098（发行部） 010-52227588 转 100（读者服务部）		010-52227588 转 321（总编室） 010-52227588 转 305（质检部）
网　址	http://www.cfpress.com.cn	**排　版**	宝蕾元
经　销	新华书店	**印　刷**	宝蕾元仁浩（天津）印刷有限公司
书　号	ISBN 978-7-5047-7482-8 / TS · 0112		
开　本	787mm × 1092mm　1/16	**版　次**	2021 年8月第 2 版
印　张	7.5　**彩　页** 0.5	**印　次**	2021 年8月第 1 次印刷
字　数	170　千字	**定　价**	39.00 元

职业教育“十四五”规划烹饪专业系列教材

编写委员会

前　言

根据2019年国务院印发的《国家职业教育改革实施方案》的文件指示精神，为落实“中国特色高水平高职学校和专业建设计划”以及深化《职业教育提质培优行动计划（2020—2023年）》的具体要求，以培养学生的职业能力为导向，加强烹饪示范专业及精品课程建设，促进中等职业教育的快速发展，提高烹饪专业人才的技能水平，对接职业标准和岗位规范，优化课程结构，特编写此书。

改革开放以来，伴随人们生活水平的不断提高和中国餐饮业的迅猛发展，我国的烹饪教育也越来越为人们所重视，很多中职、技工院校都相继开设了面点专业，其教学目标主要是为社会培养一大批懂理论、技能扎实的面点专业人才。为实现这个目标，基本功的训练在面点专业教学中的作用越来越明显。面点基本功是面点专业不可或缺的一门专业核心课程，是学习面点技能的基础。

本教材的编写有如下几方面的特色：

一、创新。以职业能力为本位，以学生为中心，以应用为目的，以必需、够用为度，满足职业岗位的需要，与相应的职业资格标准或行业技术等级标准接轨。本书的编写还解决了学生在以往面点基本功学习中缺少理论教材可参考的困难。

二、知识面广。教材详细介绍了中西点在制作中涉及的相关技法及应用实例，更介绍了面点制作中所应用的设备、工具的种类及其适用范围，对于一些不常使用的大型操作设备，更是配备了图片，使学生能够更好地了解面点行业的发展前沿，提高了学生的学习兴趣，拓宽了学生的知识面。

三、教材体系完整，框架结构清楚。本教材由六个项目组成，每个项目都包括学习目标、训练任务、项目小结、项目测试四部分内容，在面点制作技艺项目中，按照训练目的、训练方式、训练准备、操作方法、制作关键、质量标准、考核要点及评分标准的框架构建教材内容，其中还穿插了图片示意、知识链接等内容。教材的编写体现了知识由点到面的特色，体系完整，框架结构清楚，易于为学生接受。

本书由长春市商贸旅游技术学校高级讲师、长春市技能大师工作室领办人王成贵和江苏省常州技师学院高级讲师葛小琴，以及长春市商贸旅游技术学校高级讲师、长春市政府特殊津贴获得者马福林担任主编，长春市商贸旅游技术学校荣明、张佳、林峰担任副主编，长春市商贸旅游技术学校张敏、王子桢及优秀毕业生李泽天参与了编写工作。全书由王成贵总纂定稿。

本书编写中查阅了大量的相关资料，并得到了有关部门和学校领导的大力支持，在此一并表示感谢。

由于编写时间仓促，加之编者水平有限，书中尚有疏漏和不妥之处，敬请广大专家及同行不吝赐教，以便再版时修订完善。

编者

2021年5月

目　录

项目一　绪　论

学习目标

- 了解面点的社会地位
- 掌握面点基本功的重要作用
- 明确面点操作间的卫生规程、安全规程
- 能够规范操作、安全生产

任务一　面点的地位和作用

一、面点的基本概念

面点是“面食”和“点心”的总称。我国面点具有历史悠久、用料广泛、成型及成熟形式多样、饮食形式多样等特点。

面点在饮食形式上多种多样，它既是人们不可缺少的主食，又是人们调剂口味的补充食品，如包子、饺子、饼等。在人们的饮食中，面点有作为正餐的米面主食，有作为早餐的早点、茶点，有作为宴席配置的点心，有用于调剂饮食的糕点、地方小吃，以及作为节庆礼物的礼品点心等。

面点是以各种粮食、鱼虾、禽畜肉、蛋、乳、蔬菜、果品为原料，配以多种调味品，经加工而制成的色、香、味、形、质、营养俱佳的面食、点心。

二、面点的地位和作用

（一）面点是饮食业的重要组成部分

目前，烹饪在生产经营中主要包括两个方面的内容：一是菜肴烹调，行业俗称“红案”；二是面点制作，行业俗称“白案”。“红案”和“白案”既有区别，又密切联系、相互配合，形成饮食业的一个整体。特别是正餐的主副食结合和宴席菜点的配套，都体现了我国传统饮食文化的丰富内涵和整体配套性。面点除了常与菜肴烹调密切配合外，还具有相对的独立性，它可以离开菜肴烹调而独立经营，如专门经营的包子店、饺子馆等。

（二）面点是人们不可缺少的重要食品

面点不但具有较高的营养价值，而且应时适口，价廉物美，食用方便。例如，清晨的早点、茶点，晚间的夜宵等。因此，面点不但丰富了人们的饮食内容，而且是人们生活中不可缺少的重要食品。随着社会的发展、生活节奏的加快，面点更显示出了方便、快捷的优越性。

（三）面点是活跃市场、丰富人们生活的消费品

面点不仅可作为早点，也能与菜肴配套为宴席增色，还可作为喜庆佳节馈赠亲友的礼物。许多的面点、小吃还与民间传说有关，例如，新春的年糕、元宵节的汤圆等。可见，面点不但丰富了人们的饮食内容，而且丰富了人们的精神生活。

综上所述，足以看出面点在人们的生活中占有很重要的地位，要想做出备受欢迎的面点品种，练就一手好的基本功势在必行。

任务二　面点基本功的重要性

一、面点基本功的重要性

面点基本功是在面点制作过程中所采用的最基础的制作技术及方法，包括和面、揉面、搓条、分坯、成型和成熟等主要环节。面点制作人员基本功的好坏，直接影响着面点制品的质量，它是衡量面点制作人员技术水平的标尺。其重要性主要表现在以下两个方面：

（一）面点基本功是学习各类面点制作技术的前提

各类面点制作技术基础操作方面的表现形式是基本相同的，如在面粉类品种的制作中几乎都需要和面、揉面、搓条、分坯等操作技术，包馅类品种在制作时都要用到制皮、上馅、包捏成型等技术，不论哪类面点品种制作最后都要熟制等。因此，面点基本功是学习各类面点制作技术的前提。

（二）面点基本功是保证制品质量的关键

面点基本功正确与否及熟练程度如何，直接影响面点制作的工作效率和制品质量，例如，面团软硬度是否合适，制皮的薄厚是否符合制品要求，都将直接影响下一道操作工序能否顺利进行。目前，面点制作仍以手工制作为主，因此，要使制品达到标准、符合规格，关键在于有扎实的基本功。

二、对面点制作人员的基本要求

面点制作有严格的技术要求，有些品种的制作工艺比较复杂，所用时间较长，有些品种还需要提前做好准备，大量制作时还有一定的劳动强度。为适应这些特点，制作者必须符合以下要求：

（1）加强体育锻炼，增强体质，以适应高强度劳动的要求。

（2）掌握正确的操作姿势和熟练的操作手法，以减轻劳动强度。

（3）熟悉常用面点原料的特性、各类面团的性质及调制技巧，以及各种工具的性能及正确使用方法。

（4）操作过程中要集中精力，手脑并用，动作敏捷、干净、利落；满足制品的质量要求，做到精益求精；保证食品卫生，注意操作安全。

任务三 安全生产常识

卫生和安全是保证厨房生产正常进行的前提，良好的卫生环境和安全管理不仅是饭店正常经营的必要保证，也是维持厨房正常秩序和节约额外费用的重要措施。因此，厨房管理人员和操作人员必须意识到卫生和安全的重要性。

一、操作间的卫生要求

（一）操作间的环境要求

（1）操作间干净、明亮，空气畅通，无异味。

（2）全部物品摆放整齐。

（3）机械设备、工具、工作台清洁到位，保证没有污物。

（4）保证地面每次下课（或任务完成）后清扫干净。

（5）抹布用完后要清洗干净并晾干。

（6）冰箱内外要保持清洁、无异味，物品摆放要整齐不乱。

（7）不得在操作间内存放私人物品。

（二）工作台的清洗方法

（1）将面案上的面粉清扫干净，过箩后倒回面桶。

（2）用刮刀将面案上的面污、黏着物刮下并清理干净。

（3）用抹布或板刷将面案上的黏着物清理掉，同时将污水、污物抹入水盆，绝不能使污水流到地面上。

（三）地面的清洗方法

（1）将地面扫净，倒掉垃圾。

（2）擦拭地面时，要注意擦面案、机械设备、物品柜下面，不能留有死角。

（3）擦拭地面应采用“倒退法”，以免踩脏刚刚擦拭的地面。

二、操作间安全规程

（一）电的安全使用

（1）定期检查电气设备的绝缘状况，禁止带故障运行。

（2）防止电气设备超负荷运行，并采取有效的过载保护措施。

（3）设备周围不能放置易燃易爆物品，应保证良好的通风。

（4）机械设备操作人员必须经过培训，掌握安全操作方法，有资质和有能力操作设备。

（5）电气设备使用必须符合安全规定，特别是移动电气设备，必须使用相匹配的电源插座。

（6）发现机器设备运转异常时必须马上停机，切断电源，查明原因并修复后再重新启动。

（二）用具的安全使用

（1）刀具要妥善保管，放在安全的地方，不能用刀开玩笑、打闹。

（2）其他用具也要做到及时清洗、安全使用。

本项目主要介绍了面点的基本概念及其在社会中的地位和作用，面点基本功在操作中的重要性以及卫生规程和安全生产知识，项目内容对于掌握面点制作技艺有很大帮助。

项目测试

判断题

1. 面点是面食和甜品的总称。 (　　)
2. 面点制作在行业上被称为“白案”。 (　　)
3. 面点不但丰富了人们的饮食内容，而且丰富了人们的精神生活。 (　　)
4. 面点制作人员基本功的好坏，直接影响着面点制品的质量。 (　　)
5. 面点可以给宴席增添色彩。 (　　)
6. 面点制作基本功是学习各类面点制作技术的前提。 (　　)
7. 要定期检查电气设备的绝缘状况，禁止带故障运行。 (　　)
8. 面点基本功的好坏与产品制作没有太大关系。 (　　)

项目二　面点基本功常用原料

- 了解面点常用原料的分类
- 掌握面点主要原料种类、特点及用途
- 掌握面点辅助原料种类、特点及用途
- 掌握面点调味及添加剂原料种类、特点及用途

我国幅员辽阔、物产丰富，用以制作面点的原料非常多，几乎所有的主粮、杂粮以及大部分可食用的动、植物都可以作为原料使用。随着经济、科技的发展，用来制作面点的原料不断得以扩充。只有熟悉原料的性质、特点、营养成分以及它们的作用和用法，在实际操作中才能正确选择原料，合理使用原料，使制品质量得到保证。面点原料根据其性质和用途，大致可分为主要原料、辅助原料、调味及添加剂原料。

任务一　主要原料

一、面粉

面粉是由小麦经加工磨制而成的粉状物质，它在面点制作中用量较大，用途也较为广泛。

（一）面粉的种类

目前市场供应的面粉可以分为等级粉和专用粉两大类。等级粉是按照加工精度的不同而分类的，可分为特制粉、标准粉、普通粉；专用粉针对不同的面点品种，在加工制粉时通过加入适量的化学添加剂或采用特殊处理方法，使制出的粉具有专门的用途，有面包粉、糕点粉、自发粉等。

1. 等级粉

等级粉的特点如表2-1所示。

表2-1 等级粉的特点

等级粉	加工精度	色泽	颗粒	含麸量	灰分（以干物计）	湿面筋	水分	适用范围
特制粉	高	洁白	细小	少	＜0.85%	＞25%	≤14.0%	精细品种
标准粉	较高	稍黄	略粗	略多	＜1.10%	＞24%	≤13.5%	大众品种
普通粉	一般	较黄	较粗	多	＜1.40%	＞22%	≤13.5%	一般不用

2. 专用粉

（1）面包粉

面包粉也称高筋粉，是用角质多、蛋白质含量多的小麦加工制成的。用该粉调制的面团筋力大，饱和气体能力强，制出的面包体积大，松软且富有弹性。

（2）糕点粉

糕点粉也称低筋粉，是将小麦高压蒸汽加热2分钟后再制成的面粉。小麦经高压蒸汽处理，蛋白质特性改变，面粉筋力降低。糕点粉适合制作饼干、蛋糕、开花包子等面点制品。

（3）自发粉

自发粉是在特制粉中按一定的比例添加泡打粉或干酵母制成的面粉。用自发粉调制面团时要注意水温及辅料的添加用量，以免影响起发。自发粉可直接用于制作馒头、包子等发酵制品。

另外，还可以根据蛋白质含量不同，将面粉分为低筋面粉、中筋面粉、高筋面粉。

（二）面粉质量的鉴定方法

1. 含水量

面粉含水量一般在13.5%以下或14.5%以下，面粉含水量对面粉储存有很大影响，也会影响调制面团时的加水量，因而面粉中的含水量是一项很重要的质量指标。除可以用电烤箱等方法来测定面粉含水量外，常用的是用简易方法来测定面粉含水量，即用手触摸及感官检测，但这种感官测定是凭经验来判断的，需要长期摸索才能取得经验。

2. 新鲜度

面粉的新鲜度可以从面粉的色泽、气味、滋味、触觉等方面来鉴定，一般的方法是感官检验。

（1）色泽

质地优良的特制粉色泽洁白，标准粉色稍黄，呈暗色或含夹杂物者均为劣等的面粉。

（2）气味

用面粉气味来鉴定面粉的方法为：取少许面粉作试样，放在手掌中间，用嘴哈气，使试样温度升高，立即嗅其气味，有新鲜香气的为优质面粉，否则为劣质面粉或者霉变面粉。

（3）滋味

用面粉滋味来鉴定面粉的方法是：先用清水漱口，再取面粉试样少许，放在舌上辨别其滋味，咀嚼时能生成甜味者为优质面粉，出现苦味、酸味、霉味者均为变质或劣质面粉。

（4）触觉

用手捏、搓面粉，面粉手感反应有沙拉拉的感觉者为优质面粉；如羊毛状有软绵感觉者为正常面粉；手感光滑者为软质面粉；手感沉重而过度光滑者为制作技术不良的面粉。

二、稻米粉

稻米粉也称米粉，是由稻米加工而成的粉状物，其是制作粉团、糕团的主要原料。

（一）按加工方法分类

按加工方法分类，稻米粉可分为干磨粉、湿磨粉、水磨粉三种。不同加工方法稻米粉的特点如表2–2所示。

表 2–2　不同加工方法稻米粉的特点

种类	加工方法	制作	优点	缺点
干磨粉	干磨法	把各种米直接磨成粉	含水量小，保管、运输方便，不易变质	粉质较粗，成品滑爽性差
湿磨粉	湿磨法	米淘洗、浸泡涨发、控干水分后磨制成粉	较干，质感细腻，富有光泽	需经干燥后才能保藏
水磨粉	水磨法	米淘洗、浸泡、带水磨成粉浆后，经压粉沥水、干燥等工艺制成水磨粉	粉质细腻，成品柔软滑润	工艺较复杂，含水量大，不宜久藏

（二）按米的品种分类

按米的品种分类，稻米粉可分为糯米粉、粳米粉、籼米粉三种。不同品种米粉的特点及用途如表2–3所示。

表 2-3　不同品种米粉的特点及用途

种类		特点	用途
糯米粉	粳糯粉	柔糯细滑，黏性大，品质好	年糕、汤圆
	籼糯粉	粉质粗硬，品质较次	
粳米粉		黏性次于籼糯粉，一般将粳米粉与糯米粉按一定的比例配合使用	糕团或粉团
籼米粉		籼米粉的黏性小、涨性大	米发糕、伦敦糕

三、玉米粉

玉米粉是由玉米去皮精磨而成的。玉米粉粉质细滑，糊化后吸水性强，易于凝结。玉米粉可以单独用来制作面食，如玉米窝头、玉米饼等。玉米是淀粉的主要产出物，普通玉米淀粉约含直链淀粉 28%、支链淀粉 72%，直链淀粉和支链淀粉的含量比例与小麦淀粉大致相同。玉米粉可与面粉掺和使用，作为降低面粉筋力的填充原料，用来制作蛋糕、奶油曲奇等。

四、豆粉

常用的豆粉有绿豆粉、赤豆粉、黄豆粉等。

（一）绿豆粉

绿豆以色浓绿、富有光泽、粒大而整齐的为好。绿豆粉的加工过程：将绿豆拣去杂质，洗净入锅，煮至八成熟，使豆粒泡涨去壳，控干水分，用河沙拌炒至断生、微香，筛去河沙，磨成粉。绿豆粉可用来制作绿豆糕、豆皮等面点，也可作为制馅原料，如用于制作豆蓉馅等。

（二）赤豆粉

赤豆粉的加工过程：将赤豆拣去杂质，洗净煮熟，去皮晒干，磨成粉。赤豆粉直接用于面点制品的不多，常用于制豆沙馅。豆沙馅的制作过程：将赤豆拣去杂质，洗净，加少许碱，煮至熟烂，揉搓去皮，过筛成豆泥，再加糖、油炒制。

（三）黄豆粉

黄豆粉具有较高的营养价值，通常与米粉、玉米粉等掺和后制成团子及糕、饼等面点。

五、其他粉料

（一）番薯粉

番薯粉又称山芋粉、红薯粉，制成的粉色泽灰暗、爽滑。红薯也是淀粉的主要产出物，番薯淀粉直链淀粉含量约为18%、支链淀粉含量约为82%，番薯粉糊化后具有较强的黏性。使用时常与澄粉、米粉掺和才能制成各类面点；也可将含淀粉多的番薯蒸制熟烂后捣成泥，与澄粉掺和制成面点，如薯蓉系列面点。

（二）马蹄粉

马蹄粉是以马蹄（荸荠）为原料制成的粉。马蹄粉具有细滑、吸水性强、糊化后凝结性好的特点，通常用于制作马蹄糕系列面点，如生磨马蹄糕、橙汁马蹄卷等。

（三）小米粉

小米又称粟，有粳、糯两大类。小米磨成粉后可制成小米窝头、丝糕等，与面粉掺和后可制成各式发酵面点。

（四）马铃薯粉

马铃薯粉色洁白、细腻，吸水性强，通常与澄粉、米粉掺和使用，也可作为调节面粉筋力的补充原料。马铃薯蒸熟去皮捣成泥后，通常与澄粉掺和制成面点，如生雪梨果、莲蓉角等。马铃薯泥与白糖、油可炒制成莲蓉馅。

任务二　辅助原料

一、油脂

油脂在面点制作中具有重要的作用，它不但能改善面团的结构，而且能提高制品的风味。面点制作中常用的油脂可分为动物性油脂、植物性油脂和加工性油脂。

（一）动物性油脂

动物性油脂是从动物的脂肪组织或乳中提取的油脂，具有熔点高、可塑性强、流散性差、风味独特等特点。动物性油脂主要品种有猪油、黄油、鸡油等。各种动物性油脂的特点及用途见表2–4。

表 2-4 各种动物性油脂的特点及用途

种类	特点	用途
猪油	色泽乳白或稍带黄色，味道香，起酥性好，猪油的熔点较高，为28～48℃，猪油常温下呈软膏状，低温时为固体，高于常温时为液体，有浓郁的猪脂香气	常用于中式面点品种的制作，如酥饼、核桃酥、单饼等
黄油	色泽淡黄，具有浓郁的奶香味，易消化，营养价值高。黄油（面包店采用的是从牛奶中提炼的）的熔点为28～33℃，凝固点为15～25℃，在常温下呈固态，在高温下软化变形	常在西式面点的制作中使用，如曲奇饼、油蛋糕、起酥面包等
鸡油	色泽金黄，鲜香味浓，利于人体消化吸收	用于调味或增色，如鸡油马拉糕、鸡油馄饨、鸡油面团的制作等

（二）植物性油脂

植物性油脂是指从植物的种子中榨取的油脂。植物性油脂的榨取方法有两种：一是冷榨法，其油色泽较浅，气味较淡，水分含量多；二是热榨法，其油色泽较深，气味较香，水分含量少，出油量大。常用的植物性油脂有豆油、花生油、芝麻油、玉米油等。各种植物性油脂的特点及用途见表2-5。

表 2-5 各种植物性油脂的特点及用途

种类	特点	用途
豆油	粗制的豆油呈黄褐色，有浓重的豆腥味，使用时可将油放入锅中加热，投入少许葱、姜，略炸后捞出，以去除豆腥味。精制的豆油呈浅黄色，可直接用于调制面团或炸制面点	调制面团或炸制面点，长期食用对人体动脉硬化有预防作用
花生油	纯正的花生油透明清亮，色泽淡黄，气味芳香，常温下不浑浊，温度低于4℃时会凝固，稠厚浑浊，色泽为乳黄色	用于调制面团、调馅及用作炸制油
芝麻油	大磨芝麻油油色金黄，香气不浓；小磨芝麻油呈红褐色，味浓香	一般用于调味增香
玉米油	玉米油色泽金黄透明，清香扑鼻，在高温煎炸时具有相当高的稳定性	用于制馅、煎炸面点，对血液中积累的胆固醇具有溶解作用

（三）加工性油脂

加工性油脂是指对油脂进行二次加工所得到的产品，如色拉油、起酥油、人造奶油、人造鲜奶油等。各种加工性油脂的特点及用途见表2–6。

表 2–6　各种加工性油脂的特点及用途

种类	特点	用途
色拉油	清澈透明，流动性好，稳定性强，无不良气体，在0～4℃放置无浑浊现象	用作优质的炸制油
起酥油	起酥油是动物将植物油中所含的不饱和脂肪酸氢化为饱和脂肪酸，使液态的植物油成为固体的起酥油的	主要用于制作起酥类面点
人造奶油	人造奶油是动物奶油良好的代用品，具有良好的乳化性、起酥性、可塑性，有浓郁的奶香味	主要用于制作起酥类面点
人造鲜奶油	人造鲜奶油应储藏在–18℃以下，使用时，在常温下稍软化后，先用搅拌机慢速搅打至无硬块状态，然后改为高速搅打，至体积胀发至组织细腻、挺立性好的状态即可使用	用于蛋糕的裱花、西式面点的点缀和灌馅

二、糖类

糖是制作面点的重要原料之一。糖除了可作为甜味剂使面点具有甜味外，还能改善面团的品质。面点中常用的糖可分为蔗糖、饴糖两类。糖的种类、特点及用途见表2–7。

表 2–7　糖的种类、特点及用途

种类		特点	用途
蔗糖	绵白糖	色泽雪白明亮，杂质少，质地绵软，溶解快	中式面点制作中常用，如制馅、和面等
	白砂糖	纯度很高，99%以上是蔗糖，晶粒均匀一致、颜色洁白、无杂质、无异味者为优，用水溶化后糖液清澈	西式面点制作中常用，如蛋糕、饼干的制作等
	红糖	棕红色或黄褐色，甘甜味香	用于面点品种的上色和增加甜味
	糖粉	色泽洁白，呈粉末状。糖粉颗粒非常细小，同时有3%～10%的淀粉混合物	用于西点品种的制作和装饰
饴糖		浅棕色、半透明、具有甜味、黏稠的糖液，具有良好的持水性	常用于甜味面点的制作，保持面点制品的柔软性

三、蛋类

蛋及其制品是制作面点的重要原料，常见的蛋制品主要包括鲜蛋、冰蛋和蛋粉。在面点制作中运用最多的是鲜鸡蛋。蛋的性质有蛋白的起泡性、蛋黄的乳化性、蛋的热凝固性等。

（一）蛋的分类

1. 鲜蛋

鲜蛋的种类有很多，如鲜鸡蛋、鲜鸭蛋、鲜鹅蛋等。在西餐面点中经常用到的是鲜鸡蛋，因为鲜鸡蛋凝胶性强、起发力大、味道鲜美。制作产品时应选择气室小、不散黄的新鲜鸡蛋。

2. 冰蛋

冰蛋是将鲜蛋去壳，将蛋液搅拌均匀后，经低温冻结而成的蛋制品。冰蛋采取速冻法，蛋液的胶体特性没有被破坏，其质量与鲜蛋差别不大，食用也比较方便，易于保存（应放在-10～-8℃的冷库中）。冰蛋有冰蛋白、冰蛋黄和冰全蛋三种。

3. 蛋粉

蛋粉是将质量好的蛋打破去壳，取出其内容物，烘干或经喷雾干燥而成的，有全蛋粉、蛋白粉和蛋黄粉三种。

（二）蛋的性质

1. 蛋白的起泡性

蛋白是一种亲水胶体，具有良好的起泡性，在调制物理膨松面团时具有重要的作用。

2. 蛋黄的乳化性

蛋黄中含有许多磷脂，磷脂具有亲油和亲水双重性，是一种理想的天然乳化剂。

3. 蛋的热凝固性

蛋白受热后会出现凝固变性现象，在50℃左右时开始浑浊，在57℃时黏度增加，在62℃以上时失去流动性，在70℃以上时凝固为块状，失去起泡性。

蛋黄则在65℃时开始变黏，成为凝胶状，70℃以上时失去流动性并凝结。

任务三　调味及添加剂原料

一、调味剂

（一）食盐

食盐是“味中之王”，是咸味的主要来源。食盐对人体有极重要的生理作用，能促进胃液分泌、增进食欲，可保持人体正常的渗透压和人体内的酸碱平衡。食盐在面点制作中的作用主要体现在以下几个方面：

1. 能够很好地提高面团的韧性和筋性

食盐能改变面筋的物理性质，增强其吸收水分的性能，使其膨胀而不致断裂，进而提高面团的韧性和筋性。食盐影响面筋的性质，主要是使其质地变密而增加弹力。低筋面粉用食盐量可稍多些，高筋面粉则可少用些。

2. 调节面团的发酵速度

完全没有加盐的面团发酵速度较快，但发酵情形却极不稳定，食盐有抑制酵母发酵的作用，可用来调整发酵的时间，因此，盐又被称为“稳定发酵原料”。

3. 调节制品口味

盐的加入可以中和制品的甜味，同时还能够使甜味更突出，体现制品的口味特色。

4. 改进制品的色泽

利用食盐调理面筋，可使面筋内部产生比较细密的组织，使光线能较容易地通过较薄的组织壁膜，进而使烘制成熟的面制品内部组织细腻、色泽较白。

（二）酱油

酱油是我国的特产调味料，是以大豆、小麦、麸皮等为主要原料，经微生物或酶催化水解生成多种氨基酸和糖类，并以这些物质为基础，再经过复杂的生物、化学变化，合成的具有特殊色泽、香气、滋味的调味料。酱油的种类、特点及用途见表2–8。

表 2–8　酱油的种类、特点及用途

种类	特点	用途
生抽酱油	颜色较浅，生抽咸味较重，具有可口的鲜味和丰富的营养	适用于馅心制作
老抽酱油	深黑色，老抽味道咸中带微甜，香味和鲜味不及生抽	多用来腌制肉类

（三）甜菊糖

甜菊糖是从甜叶菊叶子中提取的天然甜味剂。甜菊糖为白色或微黄色粉末，味极甜，甜度是蔗糖的150～300倍。甜菊糖甜度高、用量少、热能低，用于糖尿病、肥胖病、高血压患者的饮食极为有益，现广泛用于饮料、面点等。

（四）柠檬酸

天然的柠檬酸存在于柠檬、柑橘之中，现多利用糖质原料发酵制成。柠檬酸是无色透明结晶或结晶性粉末，无臭，味极酸，易溶于水。柠檬酸在面点制作中常用于糖浆的熬煮，防止糖浆出现翻砂现象。

二、膨松剂

凡能使面点制品膨大疏松的物质都可称为膨松剂。膨松剂有两类：一类是化学膨松剂，多用于糖、油用量较多的制品；另一类是生物膨松剂，多用于糖、油用量较少的制品。

（一）膨松剂的种类

膨松剂的种类、特点及用途见表2-9。

表2-9　膨松剂的种类、特点及用途

种类		特点	用途
生物膨松剂	酵母菌	发酵力强，制品口味醇香，但需严格控制发酵温度和湿度环境	常用于制作包子、馒头、面包等
	老肥	由于菌种不纯，面团发酵后会产生酸味，需对碱后才能制作面点，经济实惠且风味独特	常用于制作包子、馒头等膨松面团产品
化学膨松剂	碳酸氢铵	白色粉状结晶，有刺鼻的氨气味。碳酸氢铵易溶于水，不溶于乙醇，水溶液呈碱性。性质不稳定	碳酸氢铵一般和碳酸氢钠混合使用，用来制作饼干
	碳酸氢钠	白色粉末或细微结晶，无臭，味咸，易溶于水，水溶液呈微碱性，受热易分解	常用于制作油条、麻花以及各类甜酥面点
	碳酸钠	呈白色粉末或细粒状，易溶于水，水溶液呈碱性	用来中和面团中产生的酸，使制品膨大，常用于制作包子、馒头等
	明矾	无色、透明、坚硬的结晶块或白色结晶粉末，无臭，味涩，呈酸性	在面点制作中常与碳酸钠或碳酸氢钠等碱性物质配合使用，酸碱中和产生CO_2气体。明矾可用于制作油条、馓子等面点

续表

种类		特点	用途
化学膨松剂	泡打粉	中性，在烘焙加热的过程中会释放出更多的气体，这些气体会使产品有膨胀及松软的效果	广泛用于面点制作

（二）使用膨松剂的注意事项

（1）加热后，成品中膨松剂残留的物质必须无毒、无味、无色，不影响成品的风味和质量。

（2）要使用在常温下性质稳定，高温下能迅速均匀地产生大量气体，使制品膨松的膨松剂。

（3）要掌握使用量，用量越少越好，一般能达到膨松效果即可。

三、着色剂

（一）着色剂的分类

为了丰富面点的色泽，常常使用各种着色剂对面点进行着色，以使制品色泽丰富多彩。着色剂也称食用色素，食用色素按性质可分为天然色素、化学合成色素两大类，食用色素的种类、特点及用途见表2–10。

表 2–10 食用色素的种类、特点及用途

种类		特点	用途
天然色素	焦糖	焦糖是由蔗糖或饴糖在约170℃的温度下焦化而成的一种红褐色或黑褐色色素	主要用于烘烤类面点，如黑麦面包、裸麦面包、虎皮蛋糕、布丁等
	红曲红	耐光，耐热，对酸、碱稳定，着色性好	广泛用于面点、菜肴制作
	叶绿素	耐酸，耐热，耐光性差	广泛用于面点制作
化学合成色素	苋菜红	色彩鲜艳，成本低廉，性质稳定，着色力强，但无营养价值，大多数对人体有害，因此，要严格控制使用量	应用于面团的着色、奶油裱花的色彩调配等
	胭脂红		
	柠檬黄		
	日落黄		
	靛蓝		
	苹果绿		

（二）使用着色剂应注意的事项

（1）要尽量选用对人体安全性高的天然色素。

（2）使用化学合成色素时要控制用量，不得超过国家允许的标准。

（3）要选择着色力强、耐热、耐酸碱的水溶性色素，避免在人体内沉积。

（4）应尽量用原材料的自然颜色来体现面点的色彩，使用色素是为了弥补原材料颜色的不足，应尽量少用色素。

四、赋香剂

凡能增加食品的香气，改善食品风味的物质都可称为赋香剂。赋香剂按来源分有天然赋香剂和人工合成赋香剂，按质地分有水质赋香剂、油质赋香剂和粉质赋香剂，按香型分有奶香型赋香剂、蛋香型赋香剂和水果香型赋香剂。

（一）赋香剂的分类

常用赋香剂的种类、特点及用途见表2–11。

表 2–11　常用赋香剂的种类、特点及用途

种类	特点	用途
吉士粉	浅黄色或浅橙黄色的粉末，具有浓郁的奶香味和果香味	具有增色、增香的作用，常用于西式面点制作
橘子油	黄色油状液体，具有清甜的柑橘香味	常用于冻类点心的制作
香兰素	呈白色结晶或白色粉末状，具有蛋、奶香味，味苦	常用于各式点心的制作
薄荷油	无色、淡黄色或黄绿色明亮液体，具有薄荷香味，味初辛后凉	常用于冻类点心的制作

（二）使用赋香剂的注意事项

（1）注意赋香剂的使用量。

（2）赋香剂都有一定的挥发性，使用时要尽量避免高温，以免作用减弱。

（3）使用后要及时密封、避光，以免赋香剂挥发。

五、凝胶剂

凝胶剂是改善和稳定食品物理性质或组织状态的添加剂，可分为动物性凝胶剂、植物性凝胶剂和人工合成凝胶剂。常用凝胶剂的种类、特点及用途见表2–12。

表 2-12　常用凝胶剂的种类、特点及用途

种类	特点	用途
琼脂	凝结力强，冻胶爽脆、透明度高	常用于果冻、杏仁豆腐、豌豆黄等制品，还可用于鲜肉馅的掺冻
明胶	白色或微黄色半透明的、微带光泽的薄片或粉粒，无挥发性，无臭味，有微弱的肉脂味。凝结力强，冻胶柔软而有弹性	常用于水果啫喱、棉花糖等制品
果胶	白色或黄色，有较好的水果风味	常用作果酱、果冻的添加剂

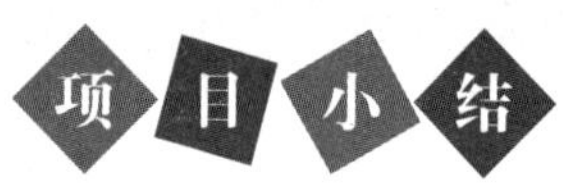

本项目主要学习了面点的主要原料、辅助原料、调味及添加剂原料，通过对不同原料性质、作用的讲解，学生能够清楚原料对于面点品种制作的重要性。掌握原料的性质和作用是做好面点品种的关键。

一、选择题

1. 按照面粉的等级分，用于制作精细点心的是（　　）。

A. 特制粉　　B. 标准粉　　C. 普通粉　　D. 专用粉

2. 可以直接用于制作馒头、包子等发酵制品的面粉是（　　）。

A. 面包粉　　B. 糕点粉　　C. 自发粉　　D. 水饺粉

3. 面筋蛋白质主要是指麦胶蛋白质和（　　）。

A. 麦谷蛋白质　　B. 麦清蛋白质　　C. 麦球蛋白质

4. 用水漂洗过后，把面粉里的粉筋与其他物质分离出来，剩下的就是（　　）。

A. 水磨粉　　B. 小米粉　　C. 湿磨粉　　D. 澄粉

5. (　　)具有色泽雪白、杂质少、质地细腻绵软、溶解快的特点。

A. 白砂糖　B. 绵白糖　C. 红糖　D. 冰糖

6. 熔点在28～33℃的油脂是(　　)。

A. 牛油　B. 羊油　C. 鸡油　D. 黄油

7. 鸡蛋通过加热变成熟鸡蛋的特性属于(　　)。

A. 起泡性　B. 乳化性　C. 热凝固性　D. 延展性

8. 属于天然色素的是(　　)。

A. 焦糖　B. 苋菜红　C. 柠檬黄　D. 苹果绿

9. 用于制作慕斯的凝胶剂是(　　)。

A. 琼脂　B. 明胶　C. 果胶　D. 蛋白胶

10. 酵母属于(　　)。

A. 膨松剂　B. 着色剂　C. 赋香剂　D. 凝胶剂

二、简答题

1. 列表说明等级粉的分类、特点及用途。
2. 盐在面点基本功练习中有哪些作用?
3. 使用膨松剂的注意事项有哪些?
4. 使用着色剂的注意事项有哪些?

项目三　面点制作的设备与工具

学习目标

- 了解面点制作设备与工具的种类
- 掌握设备及工具的性能
- 能够熟练地使用设备与工具
- 掌握设备与工具的保养方法

任务一　面点制作设备

在现代面点加工制作过程中，食品加工设备占有很重要的地位，它大大减轻了面点师的劳动强度，同时使工作效率大大提升，目前，用于面点基本功学习的设备有初加工设备、搅拌设备、恒温设备、成型设备、成熟设备、工作台等。

一、面点制作设备的种类、特点及用途

（一）初加工设备

1.绞肉机

（1）绞肉机特点

绞肉机（见图3–1）（彩图1）是肉类加工企业在生产过程中将原料按不同工艺要求加工成规格不等的颗粒状肉馅，以便同其他辅料充分混合来满足不同产品需求的设备。

图3–1　绞肉机

绞肉机一般用优质铸铁件或不锈钢制造，对加工物料无污染，符合食品卫生标准。绞肉机刀具经特殊

热处理，耐磨性能优越，使用寿命长。该机操作简单，拆卸组装方便，容易清洗，加工产品范围广，物料加工后能很好地保持其原有的各种营养成分，保鲜效果良好。刀具可根据实际使用要求随意调节或更换。

（2）绞肉机的工作原理

工作时，先开机后放料，借助物料本身的重力和螺旋供料器的旋转，把物料连续地送往绞刀口切碎。螺旋供料器的螺距后面比前面小，螺旋轴的直径后面比前面大，这样就对物料产生了一定的挤压力，迫使已切碎的肉从格板上的孔眼中排出。

2.磨浆机

（1）磨浆机的特点

磨浆机（见图3-2）（彩图2）由磨浆室、传动机构、底座、电动机等组成。磨浆室由固定在机壳和移动座上的两个固定磨片以及安装在转动盘上的两个转动磨片组成，形成两个磨区。通过调换不同齿形的磨片，满足各种浆料的打浆要求。浆料由两根进浆管进入磨区中心，在离心力和进浆压力的作用下通过磨区，经过磨区内齿盘的搓揉挤压完成打浆过程。

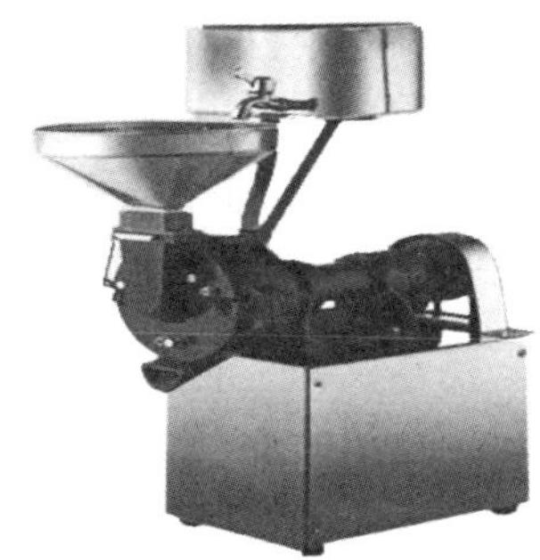
图3-2 磨浆机

（2）磨浆机的工作原理

磨浆机主要由喂料系统、磨浆系统组成。喂料系统由电动机、三角皮带轮、减速器和喂料螺旋管组成，通过异步电机带动减速器，并联动喂料螺旋管实现喂料。磨浆系统主要由磨浆室、磨片、调整移动装置、联轴器等组成，其工作原理是将喂料螺旋管输送的浆料输向磨浆室，依靠磨片将其研磨成浆。

（二）搅拌设备

1.和面机

和面机（见图3-3）（彩图3）是用来调制黏度极高的浆体或弹塑性固体等各种不同性质的面团的，包括酥性面团、韧性面团、水面团等，是面点制作中最常用的机械设备。

和面机调制的基本过程：将水、面粉及其他原料倒入搅拌器，开启电动机，使搅拌桨叶转动，面粉颗粒在桨叶的搅动下均匀地与水结合，形成胶体状态的不规则小团粒，小团粒相互黏合，逐渐形成一些零散的大团块，随着桨叶的不断搅动，团块扩展成整体面团。由于

图3-3 和面机

搅拌桨叶对面团连续进行剪切、折叠、压延、拉伸等一系列动作，因此可调制出表面光滑，具有一定弹性、韧性及延伸性的理想面团。若再继续搅拌，面团便会塑性增强、弹性降低，成为黏稠物料。

2.打蛋机

打蛋机（见图3-4）（彩图4）是食品加工中常用的搅拌调和装置，用来搅打黏稠浆体，如糖浆、面浆、蛋液、乳酪等。

图3-4 打蛋机

打蛋机多为立式，主要由电动机、传动装置、搅拌器组成。打蛋机工作时，搅拌器高速旋转，强制搅打，被调和物料充分接触并剧烈摩擦，实现混合、乳化、充气及排除部分水分的效果。由于被调和物料的黏度低于和面机搅拌物料的黏度，因此打蛋机的转速高于和面机的转速，一般在70～270r/min范围内，这使其被称作高速调和机。

搅拌设备一般由搅拌桨和搅拌头组成，搅拌桨在运动中搅拌物料。搅拌桨有三种结构：钩形搅拌桨、扇形搅拌桨、花蕾形搅拌桨。钩形搅拌桨的强度高，运转时各点能够在容器内形成复杂的运动轨迹，主要用于调和高黏度物料，如生产蛋糕所需的面浆。扇形搅拌桨整体锻造而成，桨叶外缘与容器内壁形状一致，具有一定的强度，作用面积大，可增加剪切作用，适用于中黏度物料的调和，如糖浆等。花蕾形搅拌桨由不锈钢丝组成花蕾形结构，此类搅拌桨的强度虽然较低，但易使液体流动，主要适用于搅拌阻力小的低黏度物料，如蛋液。

（三）恒温设备

恒温设备是制作西点不可缺少的设备，主要用于原料的冷藏、冷冻，面团的发酵、醒发等。常用的恒温设备有发酵箱、冰箱、冰柜、巧克力融化机等。

1.发酵箱

发酵箱（见图3-5）（彩图5）主要用来完成面团的发酵、醒发，箱体大多由不锈钢制成，由密封的外框、活动门、不锈钢管托架、电源控制开关、水槽和温湿度调节器等组成。

其工作原理是利用电热丝将水槽内的水加热蒸发，使面团在一定的温度和湿度条件下充分发酵、膨胀。发酵制品时，一般是将发酵箱的温度和湿度调节到理想状态后再进行发酵。

图3-5 发酵箱

2. 电冰箱

图3-6 电冰箱

电冰箱（见图3-6）是现代西点制作中一个很重要的设备，其种类很多，从不同的角度有多种分类方法。按制冷原理分类，其可分为压缩式冰箱、吸收式冰箱和半导体式冰箱三种，常用的电冰箱均是电动压缩式电冰箱；按用途分类，有保鲜冰箱和低温冷冻冰箱两种；按冰箱内冷却方式分类，有直冷式和间冷式冰箱两大类，其中，间冷式冰箱具有不结霜、易清理、制冷效果好、降温速度快等优点；按放置方法分类，有台式、卧式、立式、移动式、壁挂式、嵌入式冰箱六种。无论哪种冰箱，都由制冷机、密封保湿外壳、门、橡胶密封条、温度调节器等部件构成。

（四）成型设备

面点分割成型设备的使用，代替了传统的手工分割和成型操作，使生产效率大大提高，同时使产品质量得到统一，使操作者从繁重的劳动生产中解放出来。这类设备的种类有很多，具体的有压面机、分割机、搓圆机、开酥机等。

1. 压面机

图3-7 大中型压面机

（1）压面机的用途

压面机的主要作用是使调制好的面团通过压辊间隙，压成所需厚度的皮料。反复压制面团，有助于面团面筋的扩张，理顺面筋纹理，改善面团结构。

（2）压面机的分类

①工业类大中型压面机（见图3-7）（彩图6）

此类压面机多为面食加工行业的大中型压面机械，功能上可分为半自动压面机和全自动压面机两种，全自动压面机与半自动压面机的区别主要在于全自动压面机由传统的人工喂面改为传送带自动送面，安全性大大提高，同时也降低了工作人员的劳动强度。这种压面机都是用电力带动机器工作。

图3-8 小型压面机

②家用小型压面机（见图3-8）（彩图7）

其又称家用压面机。该机专为家庭用户研发，结构小巧，美观环保，安全可靠，性能高。该机的功能也很丰富，多速可选，快慢可调节，可压细面、宽面、馄饨皮、饺子皮、包子皮等面食，非常适合家庭使用。这种压面机一般需要人工手摇完成相应工作。

2.分割机

图3-9　分割机

分割机（见图3-9）（彩图8）构造比较复杂，有各种类型，主要用途是均匀地分割经初次发酵的面团，并将其制成一定的形状。分割机的特点是分割速度快，分量准确，成型规范。在大型面包生产企业中，分割机往往与搓圆机连接在一起，使分割出来的面团直接搓成圆形。

3.搓圆机

搓圆机是面包成型设备之一，主要用于面包坯的搓圆。

按照外形特点，搓圆机有伞形搓圆机、锥形搓圆机、筒形搓圆机和水平搓圆机四种形式，目前我国面包生产中应用最多的为伞形搓圆机。

4.开酥机

图3-10　开酥机

开酥机（见图3-10）（彩图9）主要用于压片和成型操作。面团调制好后，为了使组织松散的面团变成紧密的、具有一定厚度的成型面片，需要对其进行辊压。辊压时，面团受到机械力的作用，会产生纵向和横向的张力，进而形成面片。

（五）成熟设备

1.烤箱

烤箱又称烤炉、烘烤炉等，是用热空气烘烤来使食品成熟的一种加热装置。烤箱按热源种类不同，可分为煤烤炉、煤气烤炉和电烤炉等；按结构形式不同，可分为层烤炉、热风炉和隧道炉三种（见图3-11）（彩图10）。电烤箱是目前使用广泛的烤箱，具有加热快、效率高、节能、卫生等优点。烤箱主要用来烘烤酥点、面包、蛋糕等。

（1）烤箱的构造

烤箱一般为不锈钢材质，内膛用隔热材料，分多层，层与层之间也装有隔热材料。炉门较多为双层玻璃门，隔热效果好。另外，烤箱还装有加热装置、温控装置、电子报警显示计时器、电路管短路显示装置等，有的还设有喷水装置。

（2）使用注意事项

①不要将可燃物、塑料器皿放到烤箱顶部或烤箱内，以免引起火灾。

②不要将玻璃器皿放到烤箱内，以免引起玻璃器皿爆破。

③调整焙烤制品方向时要戴好隔热手套，以免烫伤。

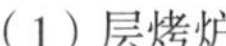
（1）层烤炉　（2）热风炉　（3）隧道炉

图3-11　烤箱

2. 微波炉

（1）微波炉的分类

从控制方面分，微波炉可分为电脑式微波炉和机械式微波炉两大类。

其中，电脑式微波炉适合年轻人和文化程度较高的人使用。其优点在于能够精确控制加热时间，根据加热食物的不同，有多种程序可供选择，高档的产品可能还有一些其他附加功能；缺点是按键多，操作复杂，不易掌握。

机械式微波炉适合中老年人使用。其优点在于操作简便，清楚明白，产品可靠性好。

（2）“两个效应”“三个特性”

● “两个效应”

①微波热效应，微波炉炉腔内电磁场的变化速度高达每秒24.5亿次（微波频率为2450MHz），作用于食物内的水分子等极性分子，可使之来回摆动24.5亿次/秒，水分子之间高速轮摆摩擦进而产生高热，从而达到加热的目的。

②生物效应，由于微生物细胞液吸收微波的能力优于周围的其他介质，因此在微波电磁场中的细胞将迅速破裂，进而导致菌体细胞死亡。

● “三个特性”

①反射性，微波碰到金属会被反射回来，故采用经特殊处理的钢板制成内壁，通过微波炉内壁的反射作用，使微波来回穿透食物，加强热效率。但炉内不得使用金属容器，否则会影响加热时间，甚至引起炉内放电打火。

②穿透性，微波对一般的陶瓷、玻璃、耐热塑胶、木、竹等均具有穿透作用，故以上材料器皿均可在微波炉内使用。

③吸收性，各类食物均可吸收微波，食物内的分子经过振荡、摩擦而产生热能。但微波对各种食物的渗透程度视食物质量、厚薄等因素的不同而有所不同。

（3）微波加热原理

微波加热的原理，简单来说就是，食品中总是含有一定量的水分，而水是由极性分子组成的，当微波辐射到食品上时，这种极性分子的取向将随微波场而变动。

食品中水的极性分子的这种运动，以及相邻分子间的相互作用，产生了类似摩擦的现象，使水温升高，因此，食品的温度也就上升了。用微波加热的食品，因其内部也同时被加热，整个物体受热均匀，升温速度也快。

图3-12　电饼铛

3. 电饼铛

电饼铛（见图3-12）（彩图11）也称烙饼锅，主要用于面点的煎、烙等，具有自动上下火控温、自动点火、熄火、保护等功能。

图3-13　油炸炉

4. 油炸炉

油炸炉（见图3-13）（彩图12）一般为长方形，主要由油槽、油脂自动过滤器、钢丝炸篮及热能控制装置等组成。油炸炉以电加热为主，也有气加热的能自动控制油温。油炸炉是西餐厨房中用来制作油炸食品的主要设备。其具有投料量大、工作效率高、温度可设定调节、自动滤油、操作方便等特点。

（1）油炸炉的构造

油炸炉由不锈钢结构架、不锈钢油锅、温度控制器、加热装置、油滤装置等组成。

（2）使用油炸炉的注意事项

①滤油时每次都要用滤油标尺检测，滤油标尺显示为一格、二格、三格的都要滤油，待油温降低时撒滤油粉，更换滤油纸（每滤一次油更换一次滤油纸），滤完的油经滤油标尺检测可达七格。

②以气加热的油炸炉，检测是否漏气时千万不要用明火来测试，而要用肥皂水或检测仪器测试连接处是否漏气。

③将油脂注入锅内时，油面高度应在“MAX”线和“MIN”线之间。

图3-14　蒸煮灶

5. 蒸煮灶

蒸煮灶（见图3-14）（彩图13）适用于蒸、煮等熟制方法。蒸煮灶有两种，一种是明火蒸煮灶，利用明火加热，使锅中的水沸腾产生蒸汽，将生坯蒸煮成熟；另一种是以电为能源的远红外电蒸锅，利用远红外电热管将锅中水加热沸腾，达到蒸煮成熟的目的。

（六）工作台

1.工作台的用途

工作台又称案台，是用于手工制作面点的工作台。制作面点时，和面、搓条、下剂、制皮、成型等一系列工序，基本上都在案台上完成。

2.工作台的分类

工作台有木质工作台、不锈钢工作台、大理石工作台、塑料工作台等不同种类，在使用时根据具体需要选用。

（1）木质工作台

木质工作台（见图3–15）（彩图14）台面大多用6～7cm厚的木板制成，底架一般是铁制或木制的，台面的材料以枣木的最好，其次是柳木的。木质工作台质地软，酵面类制品多用此种。

图3–15 木质工作台

（2）不锈钢工作台

不锈钢工作台（见图3–16）（彩图15）美观大方，卫生清洁，台面平滑光亮，传热性能好，是普遍使用的工作台。

图3–16 不锈钢工作台

（3）大理石工作台

大理石工作台（见图3–17）台面一般用4cm左右厚的大理石材料制成。大理石工作台比木质工作台台面平整、光滑、散热性能好、抗腐蚀能力强，是做糖活的理想工作台。

图3–17 大理石工作台（面）

（4）塑料工作台

塑料工作台（见图3–18）台面质地柔软，抗腐蚀性强，不易损坏，较适宜加工制作各种制品。其质量优于木质工作台。

图3–18 塑料工作台（面）

二、面点制作设备使用与保养

（一）机械设备的使用与保养

（1）使用前要了解设备的性能、工作原理和操作规程，严格按规程操作，检查各零部件是否完好。一般情况下都要进行试机，运转正常后方可使用。

（2）机械设备不能超负荷使用，应尽量避免长时间不间断运转。

（3）有变速箱的设备应及时补充润滑油，以保持一定油量，减少摩擦，避免齿轮磨损，同时还要防止润滑油泄漏。

（4）设备应放置在干燥处，以免受潮短路。

（5）设备运转过程中不能强行扳动变速手柄，改变转速，否则会损坏变速装置或传动部件。

（6）要定期对主要部件、易损部件、电动机传动装置进行检查维修。

（7）要定期进行机械维护和清洁，对机械外部可用弱碱水擦洗，但清洗时一定要先断开电源和防止电动机受潮。

（8）设备运转过程中发现异常情况或听到异常声音时，应立即停机检查，排除故障后方可继续操作。

（9）不能在设备上乱放杂物，以免异物掉入机械损坏设备。

（二）恒温设备的使用与保养

1. 发酵箱的使用与保养

发酵箱在使用前应先调节到生产工艺要求的发酵温度、湿度。发酵箱在使用时应注意水槽内的水位，不可无水干烧，否则设备会严重损坏。发酵箱要经常保持内外清洁，水槽要经常用除垢剂进行清洗。

2. 冰箱的使用与保养

（1）冰箱应放置在空气流通处，箱体四周至少留有10～15cm的空隙，以便通风降温。

（2）冰箱内存放的物品不宜过多，且生、熟食品要分开存放。

（3）食品的温度降至室温时才能放入冰箱。

（4）冰箱门必须关紧，以使冰箱内保持低温状态。

（5）冰箱使用过程中要注意及时清除蒸发器上的积霜。

（6）冰箱在运行中不得频繁切断电源，以免损坏压缩机。

（7）停用时要切断冰箱电源，取出冰箱内食品，融化霜层，并将冰箱内、外擦洗干净，风干后再将冰箱门微开，用塑料罩罩好，放置在通风干燥处。

（三）成熟设备的使用与保养

1. 烘烤设备的使用与保养

（1）新烤箱在启用前应详细阅读使用说明书，以免操作不当出现事故。

（2）食品烘烤前应先将烤箱预热。

（3）不可将潮湿的烤盘直接放入烤箱，应将烤盘擦干后再放入。

（4）在烘烤过程中要随时检查温度情况和制品的外表变化情况，根据情况及时调整温度。

（5）烤箱使用完毕应立即关闭电源，温度下降后应将残留在烤箱内的污物清理干净。

（6）要经常清洁烤箱，清洗烤箱时不宜用水，最好用厨具清洗剂擦洗，也不能用钝器铲刮污物。

（7）如果长期停用烤箱，应将烤箱内、外擦洗干净后用塑料罩罩好，存放在通风干燥处。

2. 电饼铛的使用与保养

（1）第一次使用时应该先用湿布将发热盘擦拭干净，并在上、下发热盘上擦上少量食用油。

（2）在电饼铛的使用过程中，电饼铛预热完成后才能进行制品的成熟操作。

（3）在电饼铛的工作过程中，严禁用手触摸发热盘及产品表面，以免烫伤。

（4）使用完毕可在烤盘上倒一点热水，加一点碱面，用毛巾转圈把油蘸出来，再加热水重复操作，直至干净，将烤盘晾干即可。

（5）为了更好地保养电饼铛，每次使用完电饼铛最好都要及时清洁干净。

（四）工作台的保养

工作台使用后，一定要彻底清洗干净。一般情况下，要先将工作台上的粉料清扫干净，用水刷洗后，再用湿布将案面擦净。

任务二　面点制作工具

面点制作工具有很多，其大小形状各异，而且每种工具都有特殊的功能。随着食品机械工具的发展，具有新功能的工具也不断出现。面点师能够借助这些不同工具制造出造型美观、各具特色的面食和点心。

一、面点制作工具的种类、特点及用途

（一）称量工具

面点加工中的称量工具主要有电子秤、量杯、量勺等，如表3-1所示。

表 3-1　称量工具

种类	特点	用途	图示
电子秤	配料准确	用于原料的称量	
量杯	带有刻度的杯子，称量方便	多用于液体原料的称量	
量勺	带有刻度的勺	用于少量原料的称取，多用于干性原料	

（二）搅拌工具

面点加工中常用的搅拌工具包括调料盘、打蛋器和刮刀等，如表3-2所示。

表 3-2　搅拌工具

种类	特点	用途	图示
调料盆	又称拌料盆，有不同的形状和型号，可配套使用	用于调拌各种面点配料和盛装各种原料等	
打蛋器	用多条钢丝捆扎在一起制成，有不同的型号，具有轻便灵巧的特点	用于打发奶油、蛋液、沙司及搅拌面糊	
刮刀	多由耐高温硅胶材料制成	用于搅拌面糊、奶油等	

（三）成型工具

面点加工中用于成型的工具包括擀面杖、印模、套模等，如表3-3所示。

表 3–3　成型工具

种类		特点	用途	图示
擀面杖	汆杖	两头尖，中间粗，形似汆，能提高擀皮效率	用于水饺皮、包子皮的制作	
	双杖	两根为一组，与面皮接触面积较大，能使皮厚薄均匀	用于月牙饺皮、花色蒸饺、盒子皮的制作	
	平杖	圆柱形，有长短之分，根据需要灵活选用	用于擀饼、开酥及蛋糕卷、肉松卷的成型	
	走槌	又称通心槌，常为木质的或不锈钢材料的，圆柱形，面杖中间有轴	擀制量大、面积大的面皮时使用	（彩图16）
套模		又称卡模，用金属制成的平面图案套筒，成型时用套模可将擀制平整的坯料刻成规格一致、形态相同的半成品	常用于片形皮料的生坯成型	
印模		多以木和塑料为材质，刻成各种形状，有单凹和多凹等多种规格，底部面上刻有各种花纹图案及文字	坯料通过印模成型，形成图案、规格一致的精美造型，可用于广式月饼、绿豆糕等的制作	（彩图17）
花钳		制作点心的工具，又名花夹子，用不锈钢制成，一端为齿纹状	用于点心造型，如制作花边等	

（四）常用刀具

刀具是面点加工中必不可少的工具，刀具一般用薄钢板和不锈钢制成，不同形状的刀具其用途各不相同，如表3–4所示。

表 3–4　常用刀具

种类	特点	用途	图示
锯齿刀	由不锈钢材质制成，是一面带齿的条形刀	用于面包、蛋糕的分割	
分刀	刀刃锋利，呈弧形，背厚，颈尖，型号多样，刀长为20～30cm	用于切割各种原料	
菜刀	长方形，刀身宽，背厚	用于原料的切割、剁馅等	
轮刀	刀片呈圆形，滚动切割	用于切割成型以及塔派、比萨的切割	
滚轮刀	由不锈钢材质制成，有3连、5连和7连滚刀	用于面片的切割，如牛角包面片的切割、油条面的分坯等	

（五）成熟工具

成熟工具主要是与成熟设备相配套的工具，包括烤盘、蒸盘、蛋糕模等，如表3–5所示。

表 3–5　成熟工具

种类		特点	用途	图示
烤盘	普通烤盘	呈长方形，常见规格为60cm×40cm，由白铁皮或铝合金材质制成，内有不粘层	用于烘烤大众面食或糕点	
	法棍烤盘	烤盘上有装法棍的凹槽，每个槽中都有许多孔洞	主要用于法棍的盛装、烘烤	
	多连蛋糕烤盘	有6连、12连、24连蛋糕模具	用于纸杯蛋糕、磅蛋糕的烘烤	

续表

种类	特点	用途	图示
蛋糕模	由不锈钢、铝合金等材质制成，有圆形、心形等	用于蛋糕的成型烘烤	
吐司模具	由不锈钢、铝合金材质制成，常见规格有450g、750g、1000g等	用于吐司面包的烘烤	
蒸盘	由不锈钢材质制成，盘中间带孔，传热快，能使制品成熟均匀	多用于蒸制品的成熟	

（六）裱花工具

常见的裱花工具包括裱花棒、裱花钉、转台、裱花嘴等，如表3–6所示。

表 3–6　裱花工具

种类	特点	用途	图示
抹刀	不锈钢材质，无刃	用于面点夹馅或表面装饰涂抹	
裱花袋	有塑料和防油布两种材质，圆锥形	用于蛋糕裱花、点心装饰以及制品填馅	
转台	圆形，中间有轴，可以自由转动	用于蛋糕抹面、装饰	
裱花嘴	由不锈钢材质制成，分多种型号	用于蛋糕裱花装饰及点心的成型等	
裱花棒	一头锥形，一头凹槽，根据花型的需要选用，利用手指可以使其自由旋转	用于奶油裱花	

续表

种类	特点	用途	图示
裱花钉	形似钉子，平面较大，用于裱花	韩式裱花专用	

（七）其他常见工具

其他常见工具如表3-7所示。

表3-7　其他常见工具

种类	特点	用途	图示
扁匙子	又称馅挑，由牛肋骨或竹片制成，呈长条形	用于包馅	
散热网	由不锈钢材质制成的长方形丝网	用于成熟制品的散热	
耐热手套	采用耐热材料制成，中间夹入棉花，具有耐热功能	用于拿取加热后的烤盘、蒸盘等	

二、面点制作工具的使用与保养

中式面点制作的工具种类较多，性能、特点、作用各不一样，生产者要使各种工具在操作、使用中发挥良好的效能，就要正确掌握使用方法，对各种工具妥善地进行保管和养护。

（1）工具分门别类地存放在固定位置，不能随意乱放、乱用。其中，面杖工具、裱花袋、粉筛不能与刀具等利器放在一起，制作生、熟食品的工具和用具必须分开存放和使用，以避免交叉污染。

（2）使用金属工具、模具后要及时清洗，擦拭干净，以免生锈。

（3）面杖工具用后应及时擦拭干净，并放在较干燥的固定地点，以免面杖变形，表面发霉。

（4）衡器用后必须将秤盘、秤体擦拭干净，放在固定、平稳处。同时，要经常校对衡器，保证其精确性。

（5）工具使用后，如果粘有油脂、奶油、蛋糊等原料，应用热水冲洗后擦干。

（6）对制作直接入口制品的模具、工具要及时清洗，清洗干净后要将其浸泡在消毒水中，以免受微生物污染，尤其是裱花袋、裱花嘴等工具。

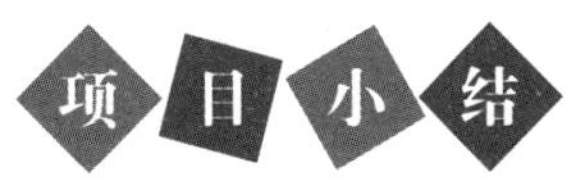

项目小结

本项目通过理论讲解及对设备工具的实践演示，要求学生了解设备及工具的种类、性能、工作原理，掌握各种设备、工具的应用方法，且要求学生掌握不同设备及工具的保管、养护方法。

项目测试

一、选择题

1. 制作饺子皮最适合的擀面杖是（　　）。

A. 尜杖　　B. 走槌　　C. 双杖　　D. 平杖

2. 韩式裱花中常用（　　）来完成裱花制作。

A. 裱花棒　　B. 裱花钉　　C. 转台　　D. 糯米托

3. 烤盘属于（　　）。

A. 成型工具　　B. 成熟工具　　C. 计量工具　　D. 测温工具

4. 泡芙成型要用（　　）。

A. 裱花袋　　B. 抹刀　　C. 计量工具　　D. 测温工具

5. 蛋糕卷要用（　　）辅助成型。

A. 走槌　　B. 尜杖　　C. 平杖　　D. 双杖

6. 搅打蛋糕糊要用（　　）。

A. 钩形搅拌桨　　B. 扇形搅拌桨　　C. 花蕾形搅拌桨

7. 木质工作台以（　　）为好。

A. 枣木　　B. 柳木　　C. 杨木　　D. 松木

8. （　　）用于切割蛋糕。

A. 分刀　　B. 锯齿刀　　C. 菜刀　　D. 抹刀

二、判断题

1. 机械设备不能超负荷使用，应尽量避免长时间不间断运转。（　）
2. 分割机的特点是分割速度快，分量准确，成型规范。（　）
3. 搅拌桨有三种结构：钩形搅拌桨、扇形搅拌桨、花蕾形搅拌桨。（　）
4. 工具使用后，如果粘有油脂、奶油、蛋糊等原料，应用自来水冲洗后擦干。（　）
5. 大理石工作台比木质工作台台面平整、光滑、散热性能好、抗腐蚀能力强，是做糖活的理想工作台。（　）

项目四　面点制作的基本技艺

学习目标

- 了解面点基本功的学习内容及训练目的
- 掌握各项面点基本功的操作方法及步骤
- 掌握各项面点基本功的技术关键
- 培养学生标准化的职业意识，养成良好的职业习惯

任务一　和面技艺

一、训练目的

（1）了解和面程序。

（2）掌握和面方法。

（3）能够熟练操作，形成良好的职业习惯。

二、训练方式

观察、练习、指导。

三、训练准备

1	原料	面粉200克，清水100克等
2	工具	刮板、调料盆、擀面杖等

四、操作方法

（一）抄拌法

下粉→扒坑→加水→抄拌至雪片状加水→抄拌成块后补充水分→成团，见图4–1（彩图18）。

将面粉放入调料盆中，中间扒一坑塘，放入第一次水量，双手伸入盆中，从外向内、由下向上反复抄拌。抄拌时，用力均匀、适度，手不沾水，以粉推水，促使水粉结合，当面成为雪片状时可加第二次水，继续用双手抄拌，使面呈结块状态，然后把剩下的水洒在上面，继续搓揉成面团。

图4–1　抄拌法

（二）调和法

下粉→扒坑→浇水→调和→补充水分→成团。

将面粉倒在面案上，围成中间薄边缘厚的坑形，将水倒在中间，双手五指张开，从外向内慢慢调和，待面粉和水结合成絮状后，再掺适量的水，和在一起，揉成面团。调和法主要适合量小的冷水面、烫面和油酥面。调和法要点：在面粉堆上扒一小坑，左手掺水，右手和面，边掺边和，调冷水面时直接用手抄拌，调烫面时则右手拿擀面杖等工具调和。注意，在操作过程中，手要灵活，动作要快，不能让水溢到外面。

（三）搅拌法

下粉→加水→搅拌→成团，见图4–2（彩图19）。

先将面粉倒入盆中，然后左手浇水，右手拿擀面杖搅和，边浇边搅，使面粉吃水均匀，搅匀成团。一般用于烫面和蛋糊面，此外还用于冷水面等。用搅拌法要注意两点：和烫面时沸水要浇匀、浇遍，搅和要快，使水、面尽快混合均匀；和蛋糊面时，必须顺着一个方向搅匀。用搅拌法和的面的特点是柔软、有韧性。

图4–2　搅拌法

五、制作关键

（1）根据面团软硬需要掌握掺水量。

（2）和面时以粉推水，促使水、面迅速结合。

（3）掌握好不同面团的调制方法。

（4）操作姿势要正确、规范。

六、质量标准

水面交融，软硬适度，不夹生，不伤水，符合面团工艺性能要求。卫生标准要达到“三光”，即手光、面光、工具光。

七、考核要点及评分标准

序号	考核内容	考核要点	配分（分）	评分标准	得分（分）
1	将200克面粉用调和法制成水饺面团	操作规范，手法干净利落	40	操作不规范、手法不干净利落，扣3～8分	
		掺水准确，粉、水混合均匀		掺水不准确，粉、水混合不均匀，扣3～8分	
		手、案干净		手、案不干净，扣1～5分	
2	时间	8分钟	10	每超出1分钟，扣1分	
合计			50		

和面的作用

1.改变原料的物理性质

面粉与适量的不同温度的水、蛋、油等原料相调和，可使调制的面团具有一定的弹性、韧性、延伸性、可塑性，这样既便于操作成型，又可使制品成熟后不散、不塌、有嚼劲。

2.调和原料，使之均匀

制作各种面点制品，除用主要原料外，有时还要掺进其他辅助原料和调味原料，以改变面团的性质和制品的口味。因此，只有通过和面，才能使掺入的各种原料吸收水分、溶化并与面粉调和均匀，进而提高面团与成品的质量。

和面的方法

和面在20世纪60年代前大多依靠手工操作，而目前使用和面机已很普遍，手工和面只是在少量或特殊情况下才使用。和面的方法分为两大类：手工和面和机器和面。

1. 手工和面

手工和面的技法大体可分为抄拌法、调和法、搅拌法三种。

2. 机器和面

机器和面通常使用的是和面机。和面机的基本用途是将面点原料通过机械搅动调制成面点制作所需要的各种不同性质的面团。调制面团时的温度是影响面团质量的重要因素。

任务二　揉面技艺

一、训练目的

（1）了解面筋网络形成过程。

（2）掌握揉面技法。

二、训练方式

观察、练习、指导。

三、训练准备

1	原料	和好的面团一份（约300克）等
2	工具	刮板、调料盆等

四、操作方法

揉面技法有双手揉（见图4-3）（彩图20）、单手揉（见图4-4）（彩图21）两种，一般采用双手揉法。

双手揉法是用双手的掌根压住面团，用力伸缩向外推动，把面团摊开，再从外向内卷起形成面团，翻上“接口”，然后双手向外推动摊开，揉到一定程度，改为双手交叉向两侧推，摊开，卷起，再摊开，再卷起，直到面团揉匀揉透、表面光滑。

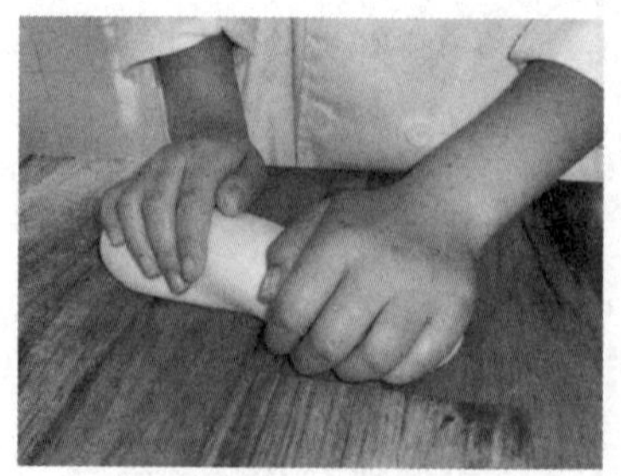

图4-3　双手揉

单手揉法是左手拿住面团一头，右手掌根将面团压住，向另一头摊开，再卷拢回来，翻上“接口”，继续再摊、再卷，反复多次，直到将面团揉透。

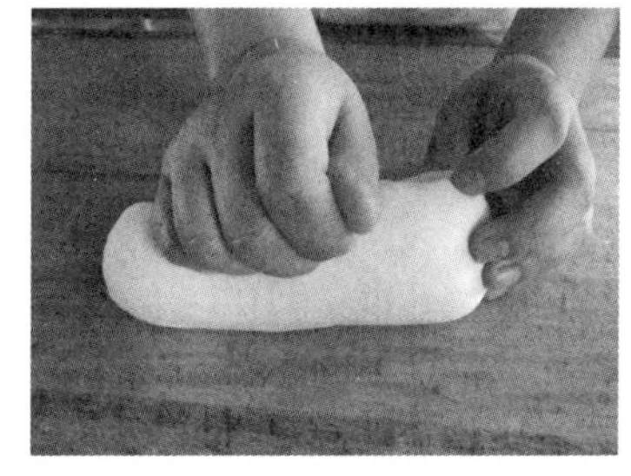
图4-4　单手揉

揉大面团时，为了揉得更加有力、有劲，也可握住拳头交叉搋面，使面团摊开面积更大，这样便于面团揉匀揉透。

揉面时身体不能紧贴案板，两脚要稍分开，站成丁字步。身子站正，不可歪斜，上身可向前稍弯，这样，用力揉时不致推动案板，并可防止物料外落。

五、制作关键

（1）“有劲”——揉面时手腕必须着力。只有这样，才能使面团中的蛋白质接触水分，与水结合，生成致密的面筋质。

（2）“揉活”——着力适当。粉、水尚未完全结合时，用力要轻；随着水分被面粉均匀吃进，面团胀润，用力要加重。

（3）揉面时要顺一个方向揉，推、卷也要有一定的次序，否则面团内形成的面筋网络就会被破坏。

（4）要根据成品需要掌握揉面时间。一般来说，冷水面团适宜多揉；发酵面团用力要适中，揉制时间不宜过长；烫面要少揉；油酥面团则不能揉，否则面团上劲，影响成品特色。

六、质量标准

增筋、光滑、细腻。

七、考核要点及评分标准

<table>
<tr><th>序号</th><th>考核内容</th><th>考核要点</th><th>配分（分）</th><th>评分标准</th><th>得分（分）</th></tr>
<tr><td rowspan="3">1</td><td rowspan="3">将300克冷水面团揉光滑、细腻</td><td>操作规范，揉面手法正确</td><td rowspan="3">40</td><td>操作不规范、手法不正确，扣3～8分</td><td rowspan="3"></td></tr>
<tr><td>面团光滑、细腻</td><td>面团不光滑、细腻，扣3～8分</td></tr>
<tr><td>接口自然、平整</td><td>接口粗糙，扣1～5分</td></tr>
<tr><td>2</td><td>时间</td><td>10分钟</td><td>10</td><td>每超出1分钟，扣1分</td><td></td></tr>
<tr><td colspan="3">合计</td><td>50</td><td></td><td></td></tr>
</table>

任务三　搓条技艺

一、训练目的

（1）了解搓条的方法。

（2）掌握搓条操作要领。

二、训练方式

观察、练习、指导。

三、训练准备

1	原料	冷水面团300克等
2	工具	刮板、调料盆等

四、操作方法

取一块揉好的面团，通过揉、搓、抻等手法使之成为条状，然后双手掌根压在条上，适当用力，来回推搓滚动，同时两手用力向两侧抻动，使其向两侧慢慢延伸，成为粗细均匀的圆形长条，如图4–5所示（彩图22）。

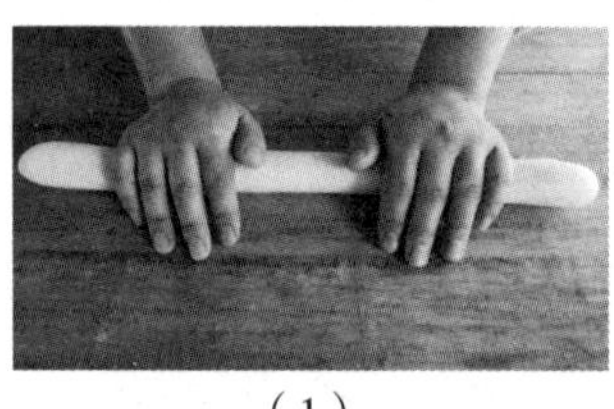
（1）

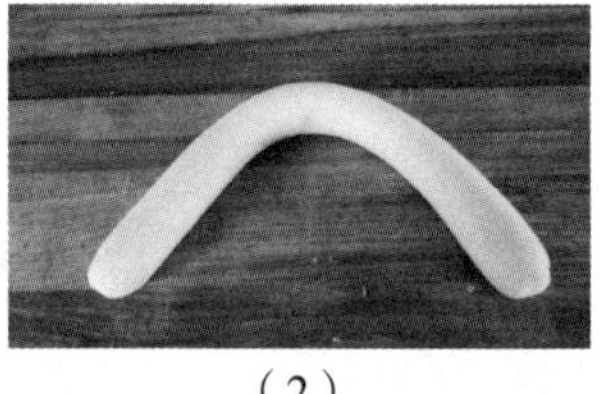
（2）

图4–5　搓条

五、制作关键

（1）搓条时要揉、搓、抻相结合，边揉边搓，使面条始终呈黏连凝结状态，并向两头延伸。

（2）两手着力要均匀，要防止一边用力大一边用力小，以免使条粗细不匀。

（3）要用手掌根按实推搓，而不能用掌心。这是因为掌心发空，按不平，压不实，不但搓不光洁，而且不易搓匀。

六、质量标准

粗细均匀、圆滑光润。

七、考核要点及评分标准

序号	考核内容	考核要点	配分（分）	评分标准	得分（分）
1	搓成直径3cm的条	操作规范，手法正确	40	操作不规范、手法不正确，扣3～8分	
		条粗细均匀		条粗细不均匀，扣5～10分	
		光滑圆整，不起皮，无裂纹		条不光滑、表面有裂纹，扣5～8分	
2	时间	5分钟	10	每超出1分钟，扣1分	
合计			50		

任务四　下剂技艺

一、训练目的

（1）了解下剂的概念。

（2）掌握下剂的方法及分类。

（3）掌握下剂的制作关键。

二、训练方式

观察、练习、指导。

三、训练准备

1	原料	面团300克等
2	工具	面刀等

四、操作方法

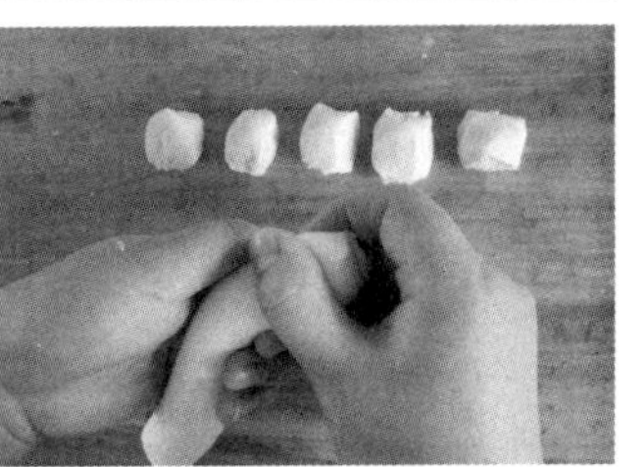

图4–6　揪剂

（一）揪剂

见图4–6（彩图23）。

左手轻握剂条，用右手拇指和食指轻轻捏住，并顺势往下前方推揪，即揪下一个剂子，然后左手将握住的剂条趁势转90°，并露出截面，右手顺势再揪。或右手拇指和食指由摘口入左手，再拉出一段并转90°，顺势再揪，如此反复。总之，揪剂的双手要配合连贯、协调。一般50克以下的坯子都可以用这种方法，如蒸饺、水饺、烧卖等坯子的制作均用此法。

（二）挖剂

见图4-7（彩图24）。

面团搓条后，放在案板上，左手按住，从拇指和食指间（虎口处）露出一截坯段，右手四指弯曲成铲形，手心向上，从剂条下面伸入，四指向上挖断，即成一个剂子。然后，左手往左移动，让出一个剂子坯段，重复操作。挖下的剂子一般为长圆形，可将其有秩序地戳在案板上。一般50克以上的剂子多用此种手法操作。

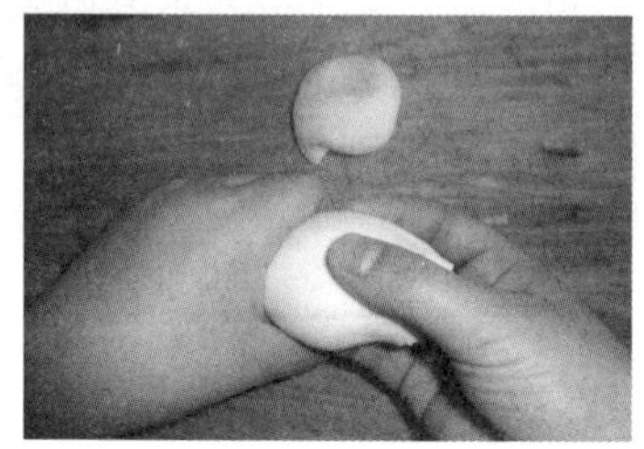

图4-7　挖剂

（三）拉剂

见图4-8（彩图25）。

右手五指抓起适当剂量的坯面，左手抵住面坯，拉断即成一个剂子。再抓，再拉，如此反复。例如，馅饼的下剂方法即属于这种方法。如果坯剂规格很小，也可以用三个手指拉剂。

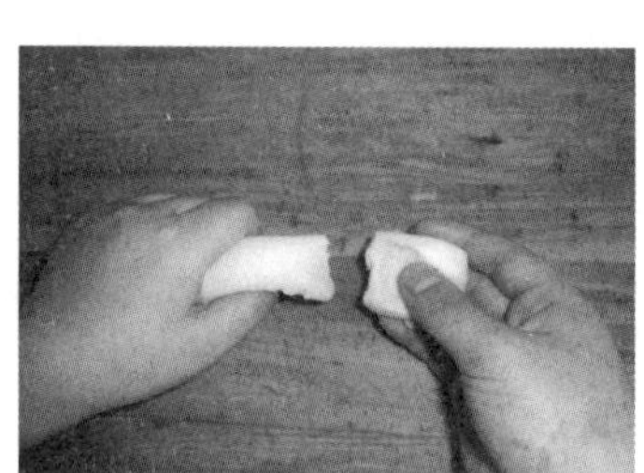

图4-8　拉剂

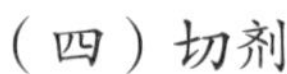

（四）切剂

见图4-9（彩图26）。

将搓成的坯条平展在案板上，右手拿刀，从坯条的左端开始，按顺序切制。切时左手要配合好，把切下的坯剂一上一下地排列整齐。

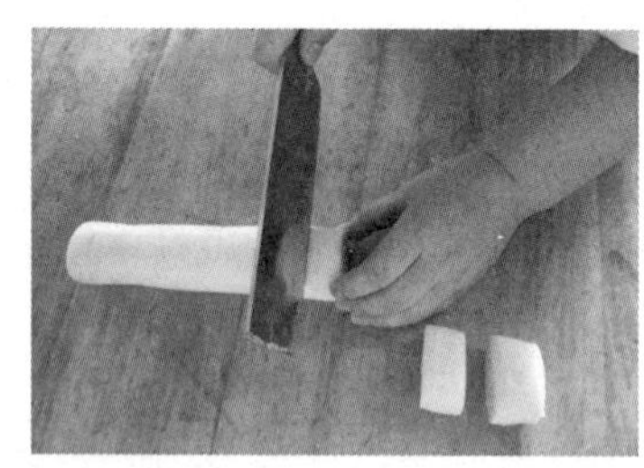

图4-9　切剂

五、制作关键

（1）两手要配合协调。

（2）根据制品的需要下剂。

六、质量标准

均匀一致，大小、分量准确。

七、考核要点及评分标准

序号	考核内容	考核要点	配分（分）	评分标准	得分（分）
1	揪剂（15克/个）；切剂（30克/个）	操作规范，手法正确	40	操作不规范、手法不正确，扣5～10分	
		手法灵活，动作娴熟		手法不灵活、动作不娴熟，扣3～5分	
		剂子形态完整、大小均匀		剂子大小不均匀、形态不完整，扣5～8分	
2	时间	2分钟	10	每超出1分钟，扣5分	
合计			50		

任务五　制皮技艺

一、训练目的

（1）了解制皮对制品成型的重要性。

（2）掌握各种制皮技法。

二、训练方式

观察、练习、指导。

三、训练准备

1	原料	面团300克等
2	工具	擀面杖、拍皮刀、平底锅等

四、操作方法

图4-10　擀皮

（一）擀皮

见图4-10（彩图27）。

擀皮是当前最主要、最普遍的制皮方法，技术性较强，适用品种多，擀皮的工具和方法也多种多样。擀皮按工具的使用方法可分为单手擀制和双手擀制两种。蒸饺、水饺、烧卖等的皮子就是擀皮制作的。

（二）捏皮

见图4–11（彩图28）。

操作时先把剂子用手揉匀搓圆，再用手指捏成圆壳形，俗称“捏窝”。多用于米粉面团的成型，如麻团、糯米饼等。

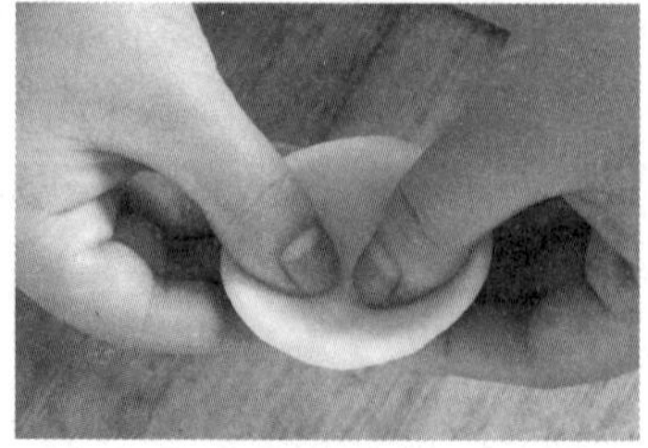

图4–11　捏皮

（三）拍皮

见图4–12（彩图29）。

操作时，准备一把拍皮刀，要求刀刃不开锋、刀面平整，一般以不锈钢刀具为好，将剂子放在面案上，右手拿刀，刀刃向外，在油布上擦一下，目的是使刀不粘皮，将有油的刀面压在剂子上，左手放在刀面上顺时针方向按压下去，剂子就被按成圆形的薄片了。澄粉面团多用拍皮的方法，如虾饺皮的制作。

图4–12　拍皮

（四）按皮

见图4–13（彩图30）。

操作时，将摘好的剂坯截面向上放置，用手掌根部而不是掌心向下按，把皮按成中间稍厚、四周稍薄的均匀的圆形皮。按皮多用于豆沙包、面包的包馅成型。

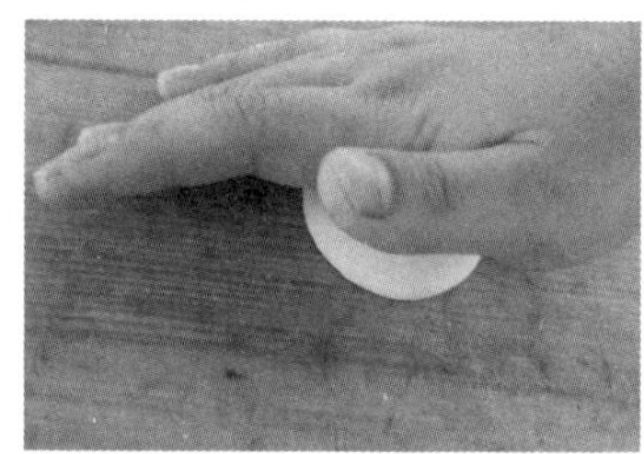

图4–13　按皮

（五）摊皮

见图4–14（彩图31）。

摊皮时，将平底锅架在中小火上，用勺取一定量面糊，顺势向锅内沿顺时针方向快速一转，即成一个圆形皮子。多用于春卷皮的制作。

图4–14　摊皮

（六）敲皮

见图4–15（彩图32）。

操作时，用敲皮工具在面团原料上轻轻敲击，使剂子慢慢展开成皮坯。

图4–15　敲皮

五、制作关键

（1）皮子大小要均匀。

（2）根据制品的要求选择制皮方法。

（3）掌握好擀、拍、敲、捏、按的力度。

六、质量标准

皮坯圆整，厚薄均匀，大小一致，无孔洞。

七、考核要点及评分标准

（1）

序号	考核内容	考核要点	配分（分）	评分标准	得分（分）
1	将20个剂子在规定时间内制成水饺皮	操作规范，手法干净利落	40	操作不规范、手法不干净利落，扣5～10分	
		双手配合协调，动作熟练		双手配合不协调、动作不熟练，扣3～5分	
		形圆，直径6cm，中间稍厚、边缘稍薄，呈碟状		形状、厚薄不符合要求，扣5～8分	
2	时间	10分钟	10	每超出1分钟，扣2分	
合计			50		

（2）

序号	考核内容	考核要点	配分（分）	评分标准	得分（分）
1	将20个剂子在规定时间内制成蒸饺皮	操作规范，手法干净利落	40	操作不规范、手法不干净利落，扣5～10分	
		双手配合协调，动作熟练		双手配合不协调、动作不熟练，扣3～5分	
		形圆，直径8cm，平皮		形状、直径不符合要求，扣5～8分	
2	时间	15分钟	10	每超出1分钟，扣2分	
合计			50		

任务六　制馅技艺

实训案例一　生肉馅

一、训练目的

（1）了解馅心的种类。

（2）掌握代表性馅心的调制方法。

二、训练方式

教师演示，学生分组练习。

三、训练准备

1	原料	猪肉馅150克，酱油20克，精盐3克，味精5克，香油5克，色拉油10克，葱花15克，姜末5克，清水50克等
2	工具	盆、筷子等

四、操作方法

【工艺流程】

肉馅腌渍→肉馅打水→肉馅加油→肉馅加葱花→成馅。

【操作步骤】

（1）将猪肉馅放入盆中，加入酱油、味精、精盐、姜末腌渍15分钟以上。

（2）将50克清水分三次加入，每次加入都将猪肉馅顺着同一个方向搅拌上劲。

（3）将香油、色拉油、葱花依次拌到猪肉馅中即可。

五、制作关键

（1）要选择三分肥七分瘦的肉馅。

（2）打水时要顺着一个方向搅打，上劲后方可再次加水。

（3）葱花一定要最后拌入。

六、质量标准

馅心咸鲜适口、汁多鲜嫩。

七、考核要点及评分标准

序号	考核内容	考核要点	配分（分）	评分标准	得分（分）
1	生肉馅	选料准确	40	选料不准确扣8～10分	
		正确使用调味料		不正确使用调味料扣5～8分	
		灵活掌握加水量，搅打手法正确		加水量不合适、搅打手法不正确扣5～8分	
2	时间	12分钟	10	每超出1分钟，扣1分	
合计			50		

实训案例二 红豆馅

一、训练目的

（1）了解馅心的种类。

（2）掌握代表性馅心的调制方法。

二、训练方式

教师演示，学生分组练习。

三、训练准备

1	原料	赤豆（红豆）1000克，白糖1200克，熟猪油300克等
2	工具	炒锅、盆、绞肉机、炒勺等

四、操作方法

【工艺流程】

选料→煮豆→取沙→炒沙→成馅。

【操作步骤】

（1）选用粒大、皮色红紫且有光亮的赤豆，洗净去掉杂质，入锅加水，使水浸没赤豆，大火煮沸后改用文火焖。

（2）待水分基本收干、赤豆酥烂时将赤豆取出，放入绞肉机绞碎成豆沙。

（3）将白糖、熟猪油炒化，然后加入豆沙同炒，炒至豆沙中水分基本蒸发、变干，呈稠糊状，用手试摸不粘手，上劲能成团时即可起锅。

（4）豆沙炒好后盛入容器，放在通风、凉爽的地方。热时勿加盖儿，否则会使蒸汽凝结成水，易使豆沙变馊。

五、制作关键

（1）煮赤豆时要加足冷水，一次煮好，赤豆煮沸后改用文火焖，焖得越烂越好，这样豆沙会更加细腻。

（2）煮赤豆时可放少量的碱，有加快赤豆酥烂的效果。

（3）炒豆沙时一定要先放熟猪油、白糖，待其炒化后再加豆沙配料，切不可将豆沙、白糖、熟猪油一起下锅，否则炒好的豆沙不爽口，发腻，而且容易渗水，不能久放。

（4）豆沙放入锅后要不停地炒，炒至比较干时及时改用小火，以免炒焦，豆沙炒制过程中会起泡、外溅，要注意避免烫伤。

六、质量标准

香甜肥厚，质地细腻，色泽棕褐、光亮，软硬适宜。

七、考核要点及评分标准

序号	考核内容	考核要点	配分（分）	评分标准	得分（分）
1	红豆馅	红豆煮制酥烂	40	红豆煮制不酥烂扣3～5分	
		出沙率		出沙率低扣3～5分	
		炒沙时不粘锅，不焦煳，有光泽		豆沙粘锅、焦煳、无光泽扣5～8分	
		软硬适度，甜而不腻		质感与口味不符合要求扣5～8分	
2	时间	60分钟	10	每超出1分钟扣3分	
合计			50		

任务七 上馅技艺

一、训练目的

（1）了解上馅的概念。

（2）掌握各种上馅方法。

（3）能够根据不同的制品需要运用不同的上馅技法。

二、训练方式

教师演示，学生分组练习。

三、训练准备

1	原料	面团500克，豆沙馅200克，清水适量等
2	工具	擀面杖、饺匙子、筷子等

四、操作方法

（一）包馅法

见图4-16（彩图33）。

一般用于制作包子、饺子等，是最常用的一种上馅技艺。由于不同的面制品成型方法不相同，如捏边包法、卷边包法、无缝包法、提褶包法等，因此上馅的部位、馅量的多少也有不同。

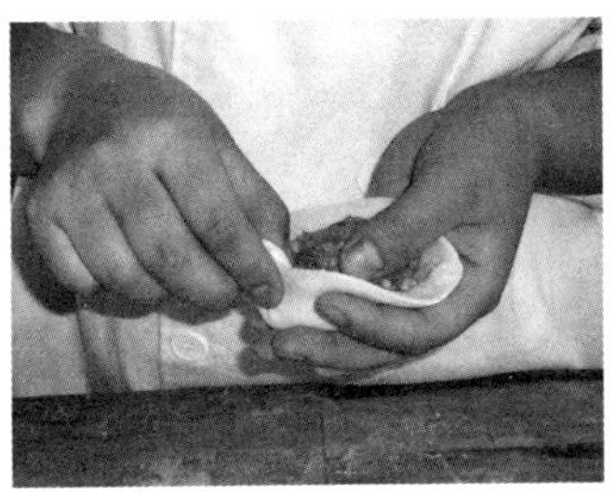

图4-16 包馅法

1.捏边包法

例如，水饺馅心要放置在皮坯上稍偏一些的位置，馅心宜将皮坯分成40%和60%两部分，这样60%部分覆盖上去，合拢捏紧，馅心正好在中间。再如糖三角，则需要将馅心放在皮坯中间。

2.卷边包法

以盒子为例，是用两张皮，一张放在下面，把馅放在上面，铺放均匀，稍留些边，然后覆盖上另一张皮，上下两边卷捏成型制成的。

3.无缝包法

这类制品馅心不能上偏，一般放在皮坯的中间，包成圆形。

4.提褶包法

主要以包子的成型为例，馅心放于皮坯的中间，不粘坯边，以便提褶成圆形。

图4–17　卷馅法

（二）卷馅法

见图4–17（彩图34）。

卷馅法是将坯料擀成片状或在片形熟坯上抹上馅心然后卷拢成型再制成生坯或成品的。

图4–18　夹馅法

（三）夹馅法

见图4–18（彩图35）。

夹馅法主要适用于糕类制品，制作时上一层坯料加一层馅再上一层坯料。可以夹一层馅也可以夹多层馅。如果原料为稀糊状，则上馅前要先蒸熟一层，再铺上一层馅，再铺另一层原料，如三色重阳糕等。

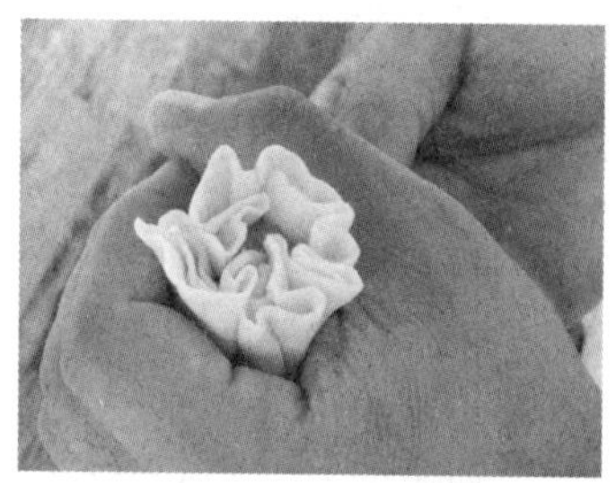
图4–19　拢馅法

（四）拢馅法

见图4–19（彩图36）。

拢馅法的上馅和成型通常同时进行。用手拢起皮，然后捏住，不封口，不露馅，如烧卖。

图4–20　滚粘法

（五）滚粘法

见图4–20（彩图37）。

这是一种特殊的上馅方法，常与成型方法连用，既是上馅，也是成型，一次完成。例如，元宵、藕粉圆子等即是把馅心切成小块或搓成小球，放在干粉中滚动，蘸上水或放入开水中烫，再滚上粉逐步成型的。

图4–21　酿馅法

（六）酿馅法

见图4–21（彩图38）。

酿馅法主要用于花色蒸饺，如四喜饺子、一品饺子等，成型后在孔洞中酿装不同的馅料。

五、制作关键

（1）需要封口的制品，皮坯边缘一定不能带有馅心。

（2）要掌握好馅心的用量。

（3）根据不同制品掌握好馅心在皮坯上的位置。

六、质量标准

上馅平整，馅量适当。

上馅的概念

上馅，又叫包馅、塌馅、打馅等，是在制好的皮坯中放上调好的馅心的操作过程。

上馅的要求

1. 要根据制品品种的要求上馅，总的原则是轻馅品种馅心小，重馅品种馅心大。

2. 根据制品品种的规格上馅，杜绝随意性。不能根据馅心的软硬或皮坯的大小而随意多上馅或少上馅，上馅应均匀，每个皮坯上馅的量要尽量相等。

3. 油量多的馅心，上馅时馅不能粘在皮边，还要防止流馅、流卤、露馅等。

七、考核要点及评分标准

（1）

序号	考核内容	考核要点	配分（分）	评分标准	得分（分）
1	包馅法（豆沙包）	馅心要正，在皮子的中间	40	馅心不正扣3～5分	
		包馅手法正确		手法不正确扣5～8分	
2	时间	10分钟	10	每超出1分钟，扣2分	
3	数量	5个			
合计			50		

（2）

序号	考核内容	考核要点	配分（分）	评分标准	得分（分）
1	卷馅法（豆沙卷）	馅心涂抹厚薄均匀	40	馅心涂抹厚薄不均匀扣3～5分	
		卷筒松紧适度		卷筒过松或过紧扣5～8分	
		卷筒手法正确		卷筒手法不正确扣3～5分	
2	时间	10分钟	10	每超出1分钟，扣2分	
3	数量	1份			
合计			50		

（3）

序号	考核内容	考核要点	配分（分）	评分标准	得分（分）
1	夹馅法（千层蛋糕）	馅心厚薄均匀	40	馅心厚薄不均匀扣5～8分	
		操作手法正确		手法不正确扣3～5分	
2	时间	20分钟	10	每超出1分钟，扣2分	
3	数量	1份			
合计			50		

（4）

序号	考核内容	考核要点	配分（分）	评分标准	得分（分）
1	拢馅法（烧卖）	馅心不外露	40	馅心外露扣3～5分	
		操作手法正确		手法不正确扣5～8分	
2	时间	15分钟	10	每超出1分钟，扣2分	
3	数量	5个			
合计			50		

（5）

序号	考核内容	考核要点	配分（分）	评分标准	得分（分）
1	滚粘法（元宵）	粉料要干，滚粘要匀	40	滚粘不均匀扣5～8分	
		制品大小一致		制品大小不一致扣3～5分	
2	时间	20分钟	10	每超出1分钟，扣2分	
3	数量	20个			
合计			50		

（6）

序号	考核内容	考核要点	配分（分）	评分标准	得分（分）
1	釀馅法（四喜饺子）	孔洞要分匀	40	孔洞分配不均匀扣5～8分	
		馅心装饰美观		馅心装饰不美观扣3～5分	
		制品大小一致		制品大小不一致扣3～5分	
2	时间	20分钟	10	每超出1分钟，扣2分	
3	数量	5个			
合计			50		

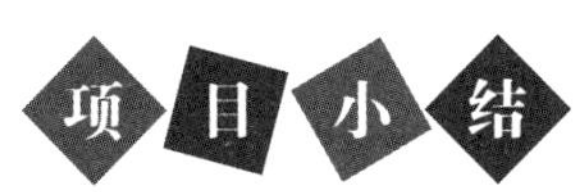

本项目主要介绍了面点成型基础技艺，即和面、揉面、搓条、下剂、制皮、制馅、上馅等基本操作知识。学生在反复练习中对于每个环节的操作方法、制作关键要重点掌握，对于每个任务的训练目的要加以理解。在练习过程中，扎实地掌握成型基础技艺，有利于更好地完成制品成型操作。

项目测试

一、选择题

1. 利用搅拌法和面时，要（　　）搅拌。
   A. 顺着一个方向　　B. 来回　　C. 随意　　D. 以上都对
2. 揉面用力的方向是（　　）。
   A. 前方　　B. 下方　　C. 下前方　　D. 后方
3. 搓条时要用（　　）按实推搓，才能使条搓匀。
   A. 掌根　　B. 掌心　　C. 手指　　D. 指尖
4. 一般50克以下的坯子都可以用（　　）方法。
   A. 挖剂　　B. 揪剂　　C. 切剂　　D. 拉剂
5. 一般50克以上的坯子都可以用（　　）方法。
   A. 挖剂　　B. 揪剂　　C. 切剂　　D. 拉剂
6. 水饺的下剂方法是（　　）。
   A. 切剂　　B. 揪剂　　C. 拉剂　　D. 挖剂
7. 馅饼的下剂方法是（　　）。
   A. 切剂　　B. 揪剂　　C. 拉剂　　D. 挖剂
8. 虾饺皮采用（　　）方法制作。
   A. 拍皮　　B. 擀皮　　C. 敲皮　　D. 捏皮
9. （　　）上馅采用滚粘法。
   A. 元宵　　B. 汤圆　　C. 驴打滚　　D. 烧饼
10. 制作生肉馅时猪肉要选择（　　）。
   A. 后鞧肉　　B. 前槽肉　　C. 里脊肉　　D. 前腿肉

二、判断题

1. 手工和面时水要一次加足，以便提高工作效率。（　　）
2. 和面可以使各种原料调和均匀，提高制品质量。（　　）
3. 揉面分为单手揉和双手揉两种。（　　）
4. 揉面的好坏与制品质量无关。（　　）
5. 搓条的基本要求：粗细均匀。（　　）
6. 擀皮是当前最主要、最普遍的制皮方法，技术性较强。（　　）

7. 麻团适宜采用捏皮的方法包馅成型。 （ ）
8. 春卷皮采用摊皮方法制成。 （ ）
9. 肉馅加水后可以随意搅拌。 （ ）
10. 制作生肉馅时，葱花要最后加入。 （ ）
11. 煮赤豆时放少量的碱，可加快酥烂。 （ ）
12. 水饺馅心要放置在皮坯上稍偏一些的位置，馅心将皮坯分成40%和60%两部分，这样60%的部分覆盖上去，合拢捏紧。 （ ）
13. 酿馅法主要用于花色蒸饺，如四喜饺子、一品饺子等。 （ ）
14. 拍皮时，要准备一块油布，每拍一下皮刀面要在油布上抹一下。 （ ）
15. 卷边包法适用于盒子的制作。 （ ）

项目五　中式面点制作的成型技艺

- 了解各种成型技法的应用
- 理解各种成型技法的形成原理
- 掌握并灵活运用各种成型技法

任务一　手工成型法

实训案例一　水饺成型

一、训练目的

（1）通过水饺成型了解挤捏技法的应用。

（2）能够灵活运用挤捏技法。

二、训练方式

教师演示讲解，学生分组练习。

三、训练准备

1	原料	冷水面团200克等
2	工具	擀面杖、刮板、饺匙子等

四、操作方法

【工艺流程】

搓条→下剂→制皮→成型。

【操作步骤】

1. 搓条

用双手均匀用力地推搓揉好的面团，慢慢向两侧延伸，直到符合制品规定的质量标准。

2. 下剂

水饺的剂子常采用揪剂的方法，即左手握住剂条，从左手拇指与食指处（或虎口处）露出约2cm长的段，用右手大拇指和食指轻轻捏住，并顺势往下前方推揪，即成一个剂子。200克面团需要下20个剂子。

3. 制皮

左手持剂，一般要求食指、中指在下，拇指在上，两手持杖，并且持杖要平，两手同时用力向前推杖，每次都要擀过剂子（或皮子）的一半，每一杖旋转时左手都要将剂子旋转85°~90°，这样才能制成标准的水饺皮。

4. 成型（见图5-1）（彩图39）

将皮子用左手托起，右手持住饺匙子，将馅心（基本功练习的馅心以面团代替）放到皮坯中央，然后用两手合拢，挤捏成水饺（木鱼饺）生坯。

（1）

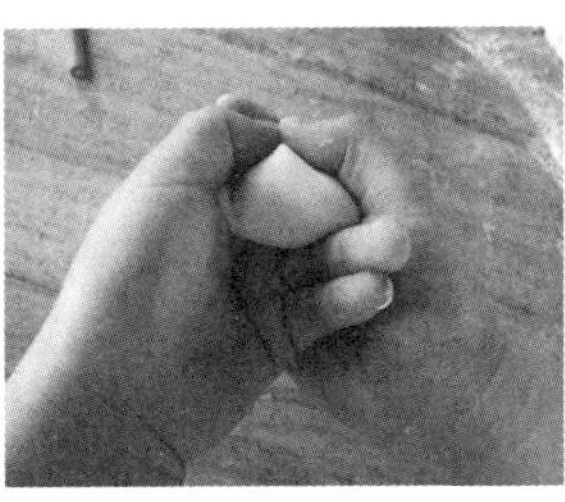

（2）

（3）

图5-1　水饺成型

五、制作关键

（1）面团软硬度要合适，面要揉透、揉光滑。

（2）条要搓得粗细均匀，下剂要圆正且均匀。

（3）皮要擀得圆且呈碟状，成型时边要对齐。

六、质量标准

皮薄、馅大、边小，形似木鱼。

七、考核要点及评分标准

序号	考核内容	考核要点	配分（分）	评分标准	得分（分）
1	水饺成型	挤捏手法正确，干净利落	40	手法不正确、不干净利落，扣4～7分	
		条要搓得粗细均匀		条粗细不均匀，扣3～7分	
		剂子大小一致		剂子大小不一致，扣3～5分	
		饺子形态美观、大小均匀		形态不美观、大小不均匀，扣5～10分	
2	时间	10分钟	10	每超出1分钟，扣2分	
3	数量	10个			
合计			50		

实训案例二　月牙蒸饺成型

一、训练目的

（1）通过蒸饺的成型了解推捏技法的应用。

（2）能够灵活运用推捏技法。

二、训练方式

教师演示讲解，学生分组练习。

三、训练准备

1	原料	面粉200克，沸水100克等
2	工具	面杖（双杖）、刮板、饺匙子等

四、操作方法

【工艺流程】

配料、烫面→散热→揉面→搓条→下剂→制皮→成型。

【操作步骤】

1. 配料、烫面

将面粉倒在案板上，用高于85℃的沸水将面粉烫匀、烫透成片状，并将其黏连成团。

2. 散热

将面团摊开成片或洒少量冷水使其热气散尽。

3. 揉面

将散好热的面揉成团。揉面时上身要稍向前倾，双臂要自然伸展，两脚分开站成丁字步，身体离案板要有一拳之距。揉小块面时，右手用力，左手协助（可两手替换操作）；揉较大块面时，应双手一起用力。手由内向外先下压再外推，再卷拢回来，反复多次，直至面团揉匀、揉透、揉光滑细腻。

4. 搓条

用双手均匀用力地推搓揉好的面团，慢慢向两侧延伸，直至符合制品规定的质量标准。

5. 下剂

蒸饺的剂子常采用揪剂的方法，即左手握住剂条，从左手拇指与食指处（或虎口处）露出约2cm长的段，用右手拇指和食指轻轻捏住，并顺势往下前方推揪，即成一个剂子。按照每50克面粉下6个剂子的标准下完为止。

6. 制皮

将剂子放在双杖的下面，两手持杖使其不分开，用旋转法转动擀面杖，将剂子擀成圆形的平皮。

7. 成型（见图5-2）（彩图40）

将皮子用左手托起，右手持住饺匙子，将馅心放到皮子中央，（用右手的食指和拇指）从皮子的一头捏向另一头，捏成月牙蒸饺。

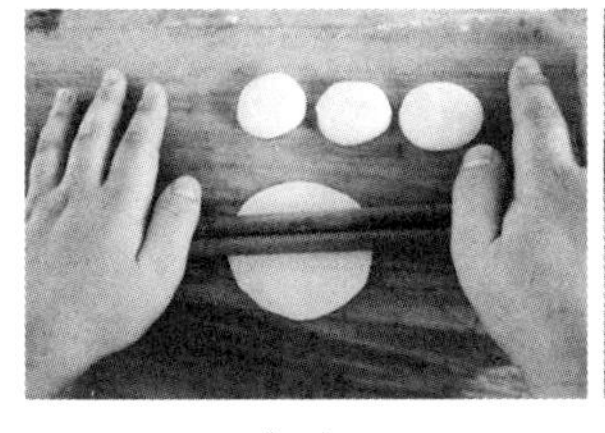
（1）

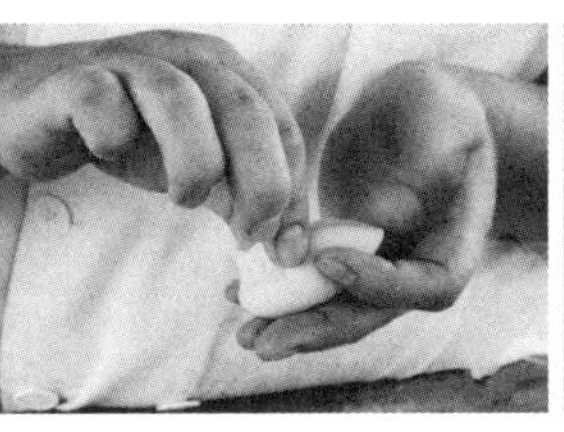
（2）

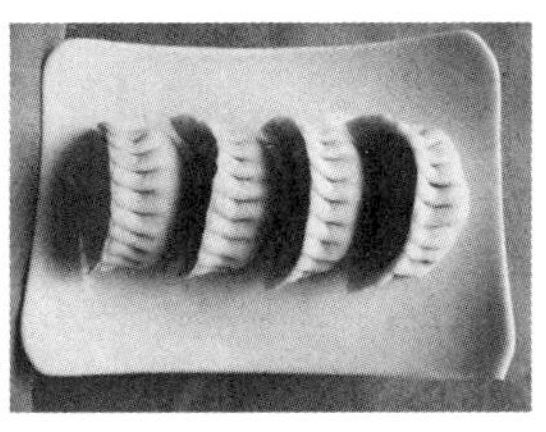
（3）

图5-2　蒸饺成型

五、制作关键

（1）面要烫透、烫匀，面团软硬要适中。

（2）皮要擀得圆且平，成型时褶要均匀。

（3）掌握推捏的成型技法。

六、质量标准

褶间距均匀，褶要直立，褶数达到11～13个，形似月牙。

七、考核要点及评分标准

序号	考核内容	考核要点	配分（分）	评分标准	得分（分）
1	月牙蒸饺成型	推捏手法正确，干净利落	40	手法不正确、不干净利落，扣4～7分	
		条要搓得粗细均匀		条粗细不均匀，扣3～7分	
		剂子大小一致		剂子大小不一致，扣3～5分	
		饺子形态美观、大小均匀		形态不美观、大小不均匀，扣5～10分	
2	时间	20分钟	10	每超出1分钟，扣2分	
3	数量	10个			
合计			50		

实训案例三 白菜饺成型

一、训练目的

（1）通过白菜饺的成型了解单推技法的应用。
（2）灵活运用单推技法。
（3）掌握白菜饺的制作步骤。

二、训练方式

教师演示讲解，学生分组练习。

三、训练准备

1	原料	烫面团300克，淀粉50克等
2	工具	擀面杖（双杖）、饺匙子等

四、操作方法

【工艺流程】

搓条→下剂→制皮→成型。

【操作步骤】

1. 搓条

用双手均匀用力地推搓揉好的面团，慢慢向两侧延伸，直至符合制品规定的质量标准。

2. 下剂

左手握住剂条，从左手拇指与食指处（或虎口处）露出约2cm长的段，用右手拇指和食指轻轻捏住，并顺势往下前方推揪，即成一个剂子。按照每50克面粉下5个剂子的标准下完为止。

3. 制皮

将剂子放在双杖的下面，两手持杖使其不分开，用旋转法转动擀面杖，将剂子擀成圆形的平皮。

4. 成型（见图5-3）（彩图41）

将圆皮按五等分向中间捏拢，成五条边，然后将每条边自里而外、自上而下推出单波浪花纹，形似菜叶，将每条边的下端捏上来，粘在邻近的一瓣“菜叶”的边上，即成一个叶片，如此反复，直至推完五个边为止。

（1）

（2）

（3）

图5-3　白菜饺成型

五、制作关键

（1）面团要符合要求。

（2）皮子一定要擀圆。

（3）圆皮的五等分一定要分匀，否则“菜叶”比例不协调。
（4）推出的波浪花纹要均匀。

六、质量标准

褶距均匀，叶片开阔，形似白菜。

七、考核要点及评分标准

序号	考核内容	考核要点	配分（分）	评分标准	得分（分）
1	白菜饺成型	单推手法正确，干净利落	40	手法不正确、不干净利落，扣4～7分	
		剂子大小一致，皮厚薄均匀		剂子大小不一致、皮厚薄不均匀，扣3～5分	
		形态美观，大小均匀		形态不美观、大小不均匀，扣5～10分	
2	时间	20分钟	10	每超出1分钟，扣2分	
3	数量	5个			
合计			50		

实训案例四　冠顶饺成型

一、训练目的

（1）通过冠顶饺成型了解双推技法。
（2）掌握双推技法的制作关键。
（3）能够灵活地运用双推技法。

二、训练方式

教师演示讲解，学生分组练习。

三、训练准备

1	原料	烫面团300克，淀粉50克等
2	工具	面杖（双杖）、饺匙子等

四、操作方法

【工艺流程】

搓条→下剂→制皮→成型。

【操作步骤】

1. 搓条

用双手均匀用力地推搓揉好的面团，慢慢向两侧延伸，直至符合制品规定的质量标准。

2. 下剂

冠顶饺的剂子较小，常采用揪剂的方法，按照每50克面粉下6个剂子的标准下完为止。

3. 制皮

采用双杖或平杖制皮，要求皮子圆且平。

4. 成型（见图5-4）（彩图42）

将圆皮一面撒上少许淀粉，折叠成等边三角形，然后翻转过来在另一面放入馅心（以面代馅），将三条边分别与相邻的边黏合，制成三棱锥形，再在三条边上用食指与拇指一上一下分别推出波浪花纹，最后将圆皮折叠的三个边翻过来，稍作整理即成生坯。

（1）（2）（3）（4）（5）（6）

图5-4　冠顶饺成型

五、制作关键

（1）面皮要擀得厚薄均匀，否则影响推边。

（2）皮子一定要擀圆，否则分不成等边三角形。

（3）推边的间距要均匀，花纹要清晰。

六、质量标准

纹路清晰，褶间距均匀，立体感强。

七、考核要点及评分标准

序号	考核内容	考核要点	配分（分）	评分标准	得分（分）
1	冠顶饺成型	双推手法正确，干净利落	40	手法不正确、不干净利落，扣4～7分	
		剂子大小一致，皮子圆正		剂子大小不一致、皮子不圆正，扣5～10分	
		形态美观，大小均匀		形态不美观、大小不均匀，扣5～10分	
2	时间	20分钟	10	每超出1分钟，扣2分	
3	数量	5个			
合计			50		

实训案例五　麻花成型

一、训练目的

（1）通过麻花成型了解搓制技法。

（2）掌握搓的制作关键。

（3）灵活运用搓制技法。

二、训练方式

教师演示讲解，学生分组练习。

三、训练准备

1	原料	面团500克，冷水50克等
2	工具	盆、刷子等

四、操作方法

【工艺流程】

搓（大）条→下剂→搓（小）条→成型。

【操作步骤】

1. 搓（大）条

将备好的面团搓成粗细均匀的长条。

2. 下剂

将搓好的长条下成等大的剂子备用。

3. 搓（小）条

将每个小剂子截面垂直于掌心握住，然后放在案板上，双手同时搓开成小条，醒置备用。

4. 成型（见图5-5）（彩图43）

醒好后的小条两根为一组，搓成长条，两手掌同时向相反（一上一下）方向搓条，使条上劲，再将两根条合成一股，双手再同时向相反（一上一下）方向搓条，使之上劲，将上好劲的大条分成三份，盘成麻花生坯即可。

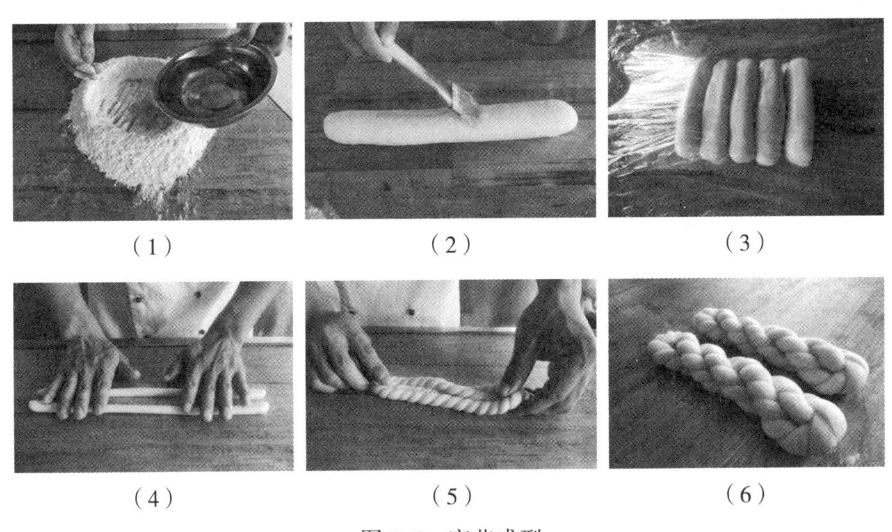

（1）　（2）　（3）

（4）　（5）　（6）

图5-5　麻花成型

五、制作关键

（1）要选择软硬适中的面团。

（2）剂子截面一定要垂直于掌心后再搓条。

（3）两根小条要大小一致。

（4）搓条时劲要上满，不可松懈。

（5）成型时三份要分匀。

六、质量标准

条匀，瓣紧，形状整齐、饱满，不松散。

七、考核要点及评分标准

序号	考核内容	考核要点	配分（分）	评分标准	得分（分）
1	麻花成型	手法正确，干净利落	40	手法不正确、不干净利落，扣5~8分	
		剂子大小一致		剂子大小不一致，扣5~10分	
		形态美观，大小均匀		形态不美观、大小不均匀，扣5~10分	
2	时间	25分钟	10	每超出1分钟，扣2分	
3	数量	3根			
合计			50		

实训案例六 包子成型

一、训练目的

（1）通过包子成型了解提褶技法的应用。

（2）掌握提褶技法的制作关键。

（3）灵活运用提褶技法。

二、训练方式

教师演示讲解，学生分组练习。

三、训练准备

1	原料	面团300克等
2	工具	擀面杖、饺匙子等

四、操作方法

【工艺流程】

面团搓条→下剂→制皮→提褶成型。

【操作步骤】

1. 面团搓条

双手均匀用力地推搓揉好的面团，使之慢慢向两侧延伸，直至符合制品规定的质量标准。

2. 下剂

小包子的剂子常采用揪剂的方法，即左手握住剂条，使之从左手拇指与食指处（或虎口处）露出约3cm长的段，用右手大拇指和食指轻轻捏住，并顺势往下前方推揪，即成一个剂子。按照50克面粉下3个剂子的标准下完。

3. 制皮

将剂子用擀面杖擀成边缘稍薄、中间稍厚的圆形皮子。

4. 提褶成型（见图5-6）（彩图44）

左手托皮，右手上馅（以面代馅），右手的食指与拇指配合，拇指在皮子的里面，食指在皮子的外面，通过捏、捻、提三个技术动作将包子的褶提出，首尾相连封好口即成包子生坯。

（1）

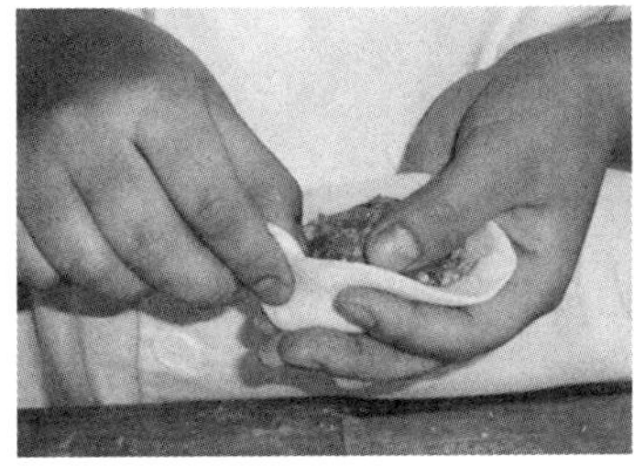

（2）

（3）

图5-6　包子成型

五、制作关键

（1）要求面团软硬适中。

（2）皮坯要边缘稍薄、中间稍厚。

（3）捏、捻、提三个动作要紧密配合。

六、质量标准

褶间距均匀，褶数16～24个。

七、考核要点及评分标准

序号	考核内容	考核要点	配分（分）	评分标准	得分（分）
1	包子成型	手法正确，干净利落	40	手法不正确、不干净利落，扣5~8分	
		剂子大小一致		剂子大小不一致，扣5~10分	
		形态饱满，褶距均匀		形态不饱满、褶距不均匀，扣5~10分	
2	时间	25分钟	10	每超出1分钟，扣2分	
3	数量	5个			
合计			50		

实训案例七　盒子成型

一、训练目的

（1）通过盒子成型了解锁边技法的应用。

（2）掌握盒子的制作关键。

二、训练方式

教师演示讲解，学生分组练习。

三、训练准备

1	原料	面团300克等
2	工具	擀面杖、刮板等

四、操作方法

【工艺流程】

面团搓条→下剂→制皮→合皮→锁边成型。

【操作步骤】

1. 面团搓条

双手均匀用力地推搓揉好的面团，使之慢慢向两侧延伸，直至符合制品规定的质量标准。

2. 下剂

盒子制剂常采用揪剂的方法，即左手握住剂条，使之从左手拇指与食指处（或虎口处）露出约2cm长的段，用右手拇指和食指轻轻捏住，并顺势往下前方推揪，即成一个剂子。按照每50克面粉下6个剂子的标准下完。

3. 制皮

采用蒸饺的制皮方法将剂子制成平皮。

4. 合皮

在制好的等大的皮子中间放上馅心，两个为一组，将之合在一起。

5. 锁边成型（见图5–7）（彩图45）

右手拇指与食指相互配合，通过两个手指的卷捏技法，将合好的盒子生坯边缘紧锁成绳状花边，最后再整理成圆形。

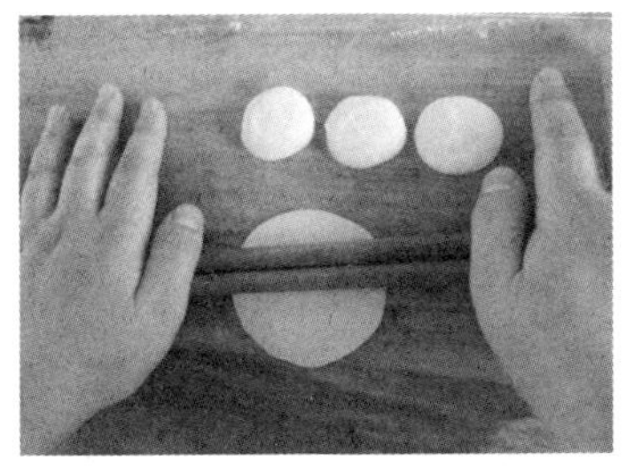

（1）

（2）

（3）

图5–7　盒子成型

五、制作关键

（1）面团要求软硬适中。

（2）皮坯一定要圆且大小一致。

（3）锁边时拇指、食指要配合协调。

（4）锁出的边要紧且饱满。

六、质量标准

形圆，边紧，纹边匀称、清晰。

七、考核要点及评分标准

序号	考核内容	考核要点	配分（分）	评分标准	得分（分）
1	盒子成型	锁边手法正确，干净利落	40	手法不正确、不干净利落，扣5～8分	
		形态美观，花边大小均匀		形态不美观、花边大小不均匀，扣5～10分	
2	时间	20分钟	10	每超出1分钟，扣2分	
3	数量	4个			
合计			50		

实训案例八 花卷成型

一、训练目的

（1）通过花卷成型了解拧制技法。

（2）掌握拧制技法的应用。

（3）掌握花卷的制作关键。

二、训练方式

教师演示讲解，学生分组练习。

三、训练准备

1	原料	面团500克等
2	工具	擀面杖、面刀等

四、操作方法

【工艺流程】

面团开片→叠层→切剂→拧制成型。

【操作步骤】

1. 面团开片

将揉好的面团用擀面杖擀成0.3cm厚的长方片，撒上干面粉（由于是基本功练习，不便刷油）备用。

2. 叠层

将撒好干面粉的面片从上至下叠起，层高4～6cm。

3. 切剂

用面刀切成4cm宽的大小相等的小长剂子。

4. 拧制成型（见图5-8）（彩图46）

将小长剂子顺长在中间用双手拇指（实际中根据个人习惯用其他手指亦可）压一个沟，将层打开，然后用双手的拇指、食指分别捏起剂子的两头合拢，顺势向左（右）手食指上缠绕，将接口处放在案板上一压，即成花卷生坯。

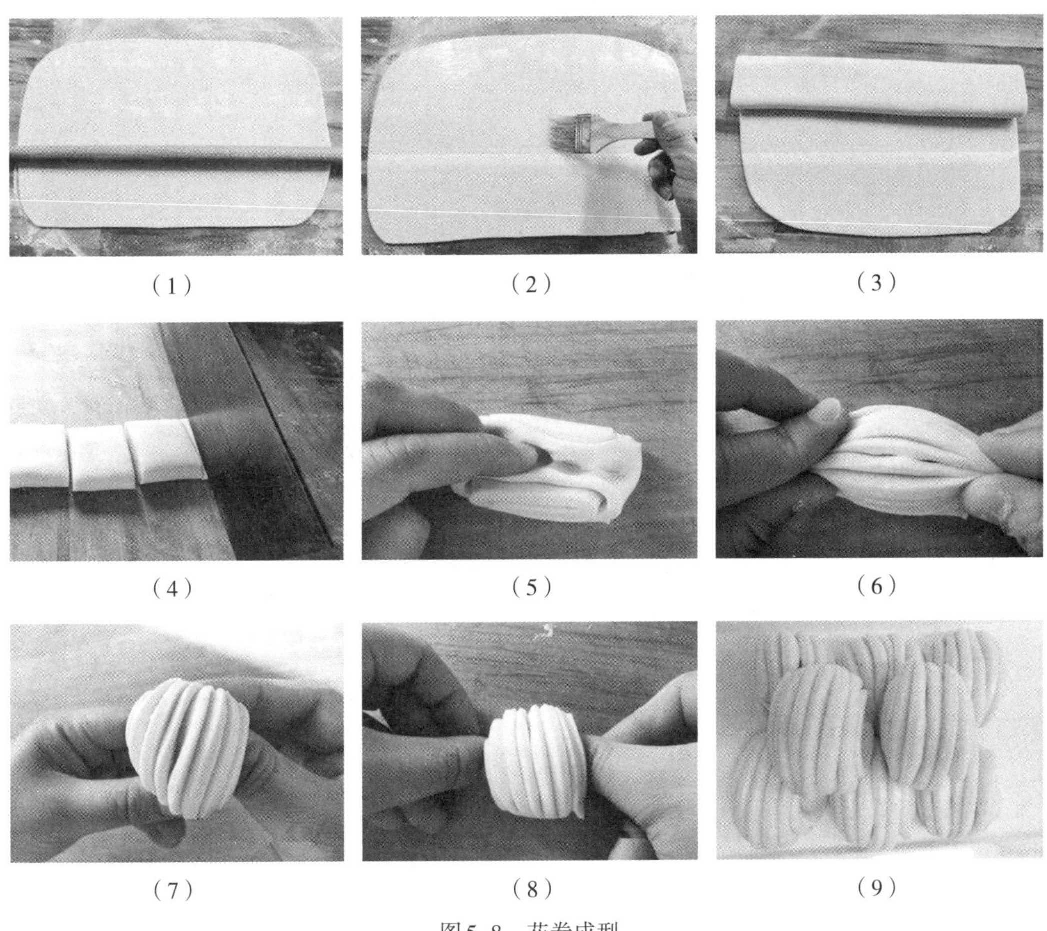

（1）（2）（3）（4）（5）（6）（7）（8）（9）

图5-8　花卷成型

五、制作关键

（1）要选择较硬的面团。

（2）注意每层面片的高度。

（3）掌握好小长剂子的宽度。

（4）两手要配合协调。

六、质量标准

花瓣均匀清晰，犹如一朵盛开的鲜花。

七、考核要点及评分标准

序号	考核内容	考核要点	配分（分）	评分标准	得分（分）
1	花卷成型	手法正确，干净利落	40	手法不正确、不干净利落，扣5～8分	
		层次清晰，大小均匀		层次不清晰、大小不均匀，扣5～10分	
2	时间	20分钟	10	每超出1分钟，扣2分	
3	数量	6个			
合计			50		

实训案例九 抻面成型

一、训练目的

（1）通过抻面了解抻的技法应用。

（2）掌握抻面的技法及关键。

二、训练方式

教师演示讲解，学生分组练习。

三、训练准备

1	原料	面粉500克，精盐15克，温水适量等
2	工具	刮板等

四、操作方法

【工艺流程】

配料、和面→揉面→醒面→溜条→出条。

【操作步骤】

1. 配料、和面

将面粉倒在案板上，在中间扒坑，放上盐，用水调匀，再分次加水，将面粉调成雪片状，然后将剩下的水倒入，调成面团。

2. 揉面

揉面时上身要稍向前倾，双臂自然伸展，两脚分开，站成丁字步，身体离案板要有一拳之距。揉面时要用力揉搓，直到将面揉得不粘手。

3. 醒面

将揉好的面团用湿布盖上，醒置大约30分钟，使之成为匀透面团，这样抻长、抻细时不易断。

4. 溜条（彩图47）

操作时，取一部分醒好的面团，将其略搓成长粗条，在条上蘸点水，两手各握住面条的一端，将面提起，两脚分开，两臂端平，运用两臂的力量及面条本身的重量上下抖动。同时，两臂向外，将面条抻拉到一定长度，然后迅速交叉，使面条正旋转成麻花形，接着一手再抓住下端，重复上述动作，使面条反旋成麻花形，如此反复，直至面团顺筋、粗细均匀，这时条便溜好了。

5. 出条（彩图48）

操作时，在案板上撒上干面粉，滚匀溜好的条，两手提面条两端，离案将其抻拉成长条，再将其放在案板上，去掉两头，由中间折转，左手食指与中指、中指与无名指分别夹住两个面条头，右手掌心向下，中指勾住面条中间的折转处，两手向相反的方向一绞，使面条成绳状，然后向两头抻拉，拉长后放于案板上，把右手的面条头扣到左手中指上，再用右手中指勾住面条中间折转处，向外抻拉，如此反复，直至面条粗细达到要求，如图5-9所示。

（1）

（2）

（3）

图5-9　抻面成型

另外，在此基础上还可以开出扁条、三棱条、带馅条等。

五、制作关键

（1）面团要软。

（2）掌握好醒面时间及醒置程度。

（3）溜条手法要娴熟，动作要连贯。

（4）掌握好出条的手法及力度。

六、质量标准

条粗细均匀，条不断、不并，出条率高。

七、考核要点及评分标准

序号	考核内容	考核要点	配分（分）	评分标准	得分（分）
1	抻面成型	和面干净利落	40	和面手法不干净利落，扣5～8分	
		溜条规范，动作娴熟		溜条不规范、动作不娴熟，扣5～10分	
		开条手法正确，粗细均匀，符合标准，出条率高		开条手法不正确、粗细不均匀、不符合标准、出条率不高，扣5～10分	
2	时间	20分钟	10	每超出1分钟，扣2分	
3	数量	4个			
合计			50		

任务二　工具成型法

实训案例一　刀切面成型

一、训练目的

（1）了解刀切面的制作方法。

（2）掌握切的技法。

二、训练方式

教师演示讲解，学生分组练习。

三、训练准备

1	原料	冷水面团500克等
2	工具	擀面杖、面刀等

四、操作方法

【工艺流程】

开片→折叠→刀切成型。

【操作步骤】

1. 开片

将揉好的面团用擀面杖擀成0.3cm左右厚的长方片。

2. 折叠

将擀好的面片叠起来，叠6层左右，高5cm左右最合适。

3. 刀切成型（见图5–10）（彩图49）

用面刀将叠好的面片采用推切的方法切成粗细均匀的长方形面条，然后抖去多余的补面即可。

（1）　（2）　（3）

（4）　（5）

图5–10　刀切面成型

五、制作关键

（1）掌握好面片的厚度。

（2）要注意面片叠制的厚度和高度。

（3）正确运用刀切技法。

六、质量标准

条整齐不断，粗细均匀。

七、考核要点及评分标准

序号	考核内容	考核要点	配分（分）	评分标准	得分（分）
1	刀切面成型	面片厚薄均匀	40	面片厚薄不均匀，扣5～8分	
		面条粗细均匀，整齐不断		面条粗细不均匀、不整齐、有断的，扣5～10分	
2	时间	20分钟	10	每超出1分钟，扣2分	
3	数量	500克			
合计			50		

实训案例二 刺猬包成型

一、训练目的

（1）通过刺猬包的成型了解剪的技法。

（2）掌握刺猬包的制作方法。

二、训练方式

教师演示讲解，学生分组练习。

三、训练准备

1	原料	面团300克等
2	工具	擀面杖、剪刀等

四、操作方法

【工艺流程】

制皮包馅→剪制成型。

【操作步骤】

1. 制皮包馅

将剂子按成中间稍厚、边缘稍薄的皮，包入馅心（以面代馅），将其搓成鹅卵形。

2. 剪制成型（见图5–11）（彩图50）

在鹅卵形生坯细的一头剪出刺猬的嘴巴，在两侧粘上眼睛（可以最后粘），再从生坯细头剪向粗头，每剪一层都要交错开，直至剪完，即成刺猬生坯。

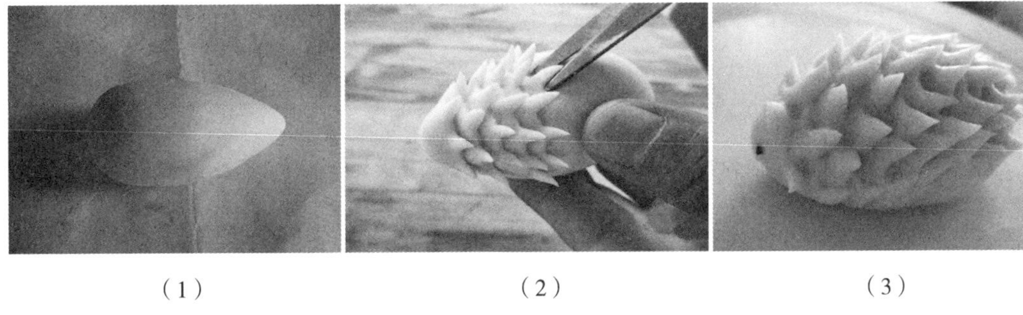

（1）　（2）　（3）

图5–11　刺猬包成型

五、制作关键

（1）馅心不要过多。

（2）注意刺猬身体各个部位的比例。

（3）每层刺都要剪开，且要有层次。

六、质量标准

形似刺猬，手法熟练。

七、考核要点及评分标准

序号	考核内容	考核要点	配分（分）	评分标准	得分（分）
1	刺猬包成型	馅心要包正，收口要严	40	馅心不正、收口不严，扣5～8分	
		形态饱满，造型逼真		形态不饱满、造型差，扣5～10分	

续表

序号	考核内容	考核要点	配分（分）	评分标准	得分（分）
2	时间	25分钟	10	每超出1分钟，扣2分	
3	数量	5个			
合计			50		

实训案例三 单饼成型

一、训练目的

（1）通过单饼成型了解擀制技法的应用。

（2）灵活运用擀制技法。

（3）掌握单饼的擀制技法。

二、训练方式

教师演示讲解，学生分组练习。

三、训练准备

1	原料	面粉300克，大油50克，开水适量等
2	工具	擀面杖、刮板、保鲜膜等

四、操作方法

【工艺流程】

配料、烫面→散热→揉面→搓条→下剂→醒剂→成型。

【操作步骤】

1.配料、烫面

将面粉倒在案板上，用85℃以上的沸水将面粉烫匀、烫透，成片状，并将其黏连成团。

2.散热

将面团摊开成片或洒少量冷水，将其热气散尽。

3.揉面

将散好热的面揉成团。

4. 搓条

双手均匀用力地推搓揉好的面团，使之慢慢向两侧延伸，直至符合制品规定的质量标准。

5. 下剂

采用揪剂的方法，即左手握住剂条，右手拇指和食指轻轻捏住，并顺势往下前方推揪，揪成10个剂子。

6. 醒剂

将剂子按成饼后，放在案板上醒置，时间大约为20分钟。

7. 成型（见图5-12）（彩图51）

用擀面杖采用反复推拉的擀制方法，将面剂擀成直径为40cm的圆薄饼。

（1）

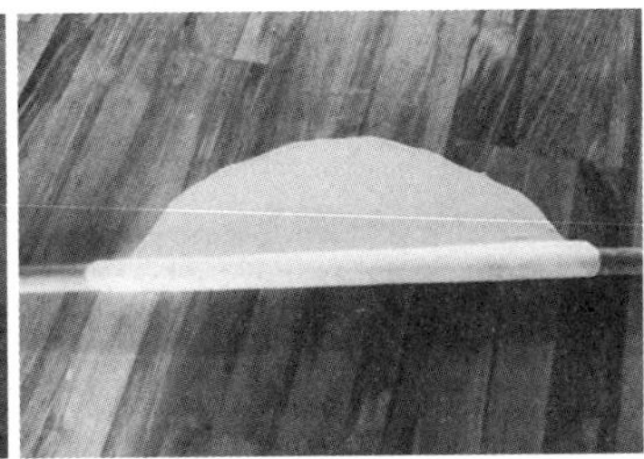

（2）

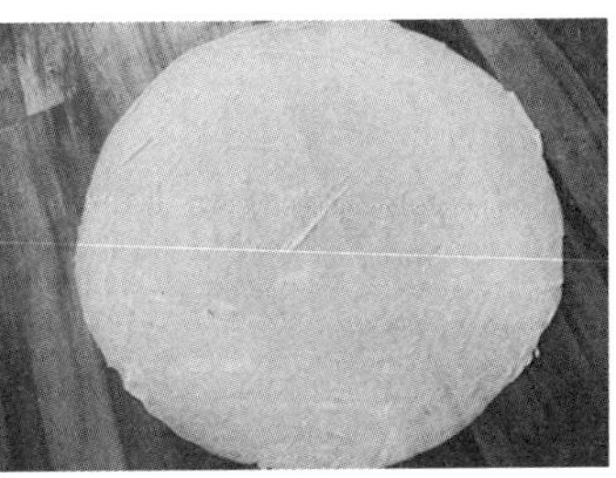

（3）

图5-12　单饼成型

五、制作关键

（1）掌握好面、油的比例。

（2）面团需要稍软。

（3）掌握好醒置时间。

（4）擀饼手法要熟练。

六、质量标准

饼形态圆且薄，薄到透过饼坯能清晰地看见字迹。

七、考核要点及评分标准

<table>
<tr><th>序号</th><th>考核内容</th><th>考核要点</th><th>配分（分）</th><th>评分标准</th><th>得分（分）</th></tr>
<tr><td rowspan="2">1</td><td rowspan="2">单饼成型</td><td>操作规范，手法干净利落</td><td rowspan="2">40</td><td>操作不规范、手法不干净利落，扣5～8分</td><td rowspan="2"></td></tr>
<tr><td>形圆、饼薄</td><td>饼不圆、薄厚不符合要求，扣5～10分</td></tr>
</table>

续表

序号	考核内容	考核要点	配分（分）	评分标准	得分（分）
2	时间	25分钟	10	每超出1分钟，扣2分	
3	数量	3张			
合计			50		

三杖饼的制作

1. 原料准备

面粉1000克，熟猪油100克，油脂50克，温水1100克等。

2. 操作步骤

（1）将面粉放在案板上，围成坑塘，加熟猪油、温水揉和，调制成水油酥面团，然后在面团表面抹少量油脂，盖上湿布醒15分钟。

（2）将面团搓成长条，揪成20个剂子，逐个抻长，用右手往里卷成圆剂。

（3）在案板上抹上油脂，将圆剂用手掌压成椭圆形厚饼，用擀面杖压住其右侧1/2处，向左前方将其推擀成半截弯月形。沿厚饼右侧1/2处，从第一杖的起杖点向左后方拉擀，将其拉擀成弯月形。将弯口部位用左手抽出，搭在擀面杖上拎起，弯口朝外，将饼的另一端落案，两手紧握擀面杖，顺势向后迅速拉，擀成椭圆形。

（4）平底锅上火烧热，将椭圆形饼的右侧搭在擀面杖上，向上拎起，放入平底锅，饼片自然成圆形，烙至两面呈芝麻花形即可。

3. 技术关键

（1）面团要柔软有劲，水应分次加入，要揉和透，使面团有很好的延伸性。

（2）擀制饼坯时用力要恰到好处。

（3）擀制操作要准确，烙制时火不宜过大，以免焦煳。

4. 成品特点

饼薄透字，质感柔韧，色泽青白，适合与各种炒菜同食。

实训案例四　刀削面成型

一、训练目的

（1）了解刀削面的用途。

（2）掌握刀削面的制作技法及关键。

二、训练方式

教师演示讲解，学生分组练习。

三、训练准备

1	原料	面粉500克，精盐15克，清水适量等
2	工具	刮板、削面刀等

四、操作方法

【工艺流程】

配料、和面→揉面、醒面→削面。

【操作步骤】

1. 配料、和面

将面粉、精盐与适量的水（根据季节调整水温，冬季可用温水，夏季可用冷水）调成较硬的面团，然后醒面。

2. 揉面、醒面

再次揉面，如果面团不易成团，要反复多次醒面、揉面，直至面团光滑细腻。将揉好的面团用湿布盖上，醒置大约30分钟。

3. 削面（见图5-13）（彩图52）

左手举面团，右手拿削面刀，在面团表面从里到外、从上至下进行削面，将面一片一片地削到案板上（实际操作时要直接削到开水锅内）。

（1）

（2）

（3）

图5-13　刀削面成型

五、制作关键

（1）面团要较硬。
（2）要掌握好醒面时间及醒置程度。
（3）灵活运用削面刀。
（4）熟练掌握削面技法。

六、质量标准

中间厚边缘薄，棱角分明，形似柳叶。

七、考核要点及评分标准

序号	考核内容	考核要点	配分（分）	评分标准	得分（分）
1	刀削面成型	操作规范，手法干净利落	40	操作不规范、手法不干净利落，扣5~8分	
		棱角分明，形似柳叶		棱角不分明、形态差，扣8~12分	
2	时间	30分钟	10	每超出1分钟，扣2分	
3	数量	250克			
合计			50		

成型技法——削

削常用于刀削面，是一刀接一刀推削面团形成面条或面片的一种成型方法。面条或面片一经削出，随即放入锅内煮熟，加入调料即成刀削面。

削的操作要求：推削用力均匀，动作熟练、灵活、连贯，面条或面片厚薄、粗细、大小均匀一致。

刀削面的典故

传说，元朝时为防止百姓造反起义，家家户户的金属全部都要上交，并规定十户用厨刀一把，切菜做饭轮流使用，用后再交回保管。一天中午，一位老婆婆将棒子面、高粱面和成面团打算做饭，让老汉取刀，结果刀被别人取走，老汉只好空手返回，在回家路上，其脚被一块薄铁皮碰了一下，他顺

手捡起来揣在了怀里。回家后，锅开得直响，全家人等刀切面条吃，可是刀没取回来，老汉急得团团转，忽然想起怀里的铁皮，就取出来说：就用这个铁皮切面吧！老婆婆一看，铁皮薄而软，嘟囔着说：这样软的东西怎能切面条？！老汉气愤地说："切"不动就"砍"！"砍"字提醒了老婆婆，她把面团放在一块木板上，左手端起，右手持铁皮，站在开水锅边"砍"面，一片片面片落入锅内，煮熟后捞到碗里，浇上卤汁让老汉先吃，老汉边吃边说："好得很，好得很，以后不用再去取厨刀切面了。"这样一传十，十传百，传遍了晋中大地。至今，晋中的平遥、介休、汾阳、孝义等地，据说不论男女都会削面。后来，这种"砍面"经过多次变革，才演变为现在的刀削面。

项目小结

本项目介绍了挤捏、推捏、单推、双推、搓、提褶、锁边、拧、切、剪、擀、抻、削等成型技艺。学生要反复实践练习，熟练应用各种技法，以便将其更好地应用到面点工艺实践操作中。

项目测试

一、选择题

1. 水饺的成型方法是（　　）。

A. 挤捏　　B. 推捏　　C. 扭捏　　D. 花捏

2. 下列哪个品种的成型方法是推捏？（　　）

A. 月牙蒸饺　　B. 花卷　　C. 酥盒　　D. 馄饨

3. 白菜饺的成型方法是（　　）。

A. 单推　　B. 双推　　C. 提褶　　D. 合拢

4. 制作冠顶饺的面皮一定要（　　）。

A. 冷水调制　　B. 温水调制　　C. 热水调制

5. 韭菜盒子采用（　　）成型。

A. 拢馅法　B. 无缝包法　C. 锁边法　D. 单推法

6. 花卷采用（　　）的方法成型。

A. 包　B. 切　C. 压　D. 拧

7. 抻面只有选用（　　）制作，才能符合制品要求。

A. 杂粮粉　B. 低筋面粉　C. 中筋面粉　D. 高筋面粉

8. 削面时，要保持面呈（　　）。

A. 长条形　B. 无要求　C. 柳叶形　D. 四边形

二、判断题

1. 抻面的过程中溜条是关键。（　　）
2. 擀饼时要求案板平、面杖直。（　　）
3. 花卷开片时要求厚薄均匀，否则制品不美观。（　　）
4. 搓麻花时，一组两个剂子大小可不一样。（　　）
5. 单饼用常温水和面就可以。（　　）

项目六　西式面点制作的加工工艺

学习目标

- 了解不同西式面点的用料
- 理解不同西点制品加工制作原理
- 掌握不同西式面点的加工技艺

任务一　面包面团的加工技艺

实训案例一　甜面包加工技艺

一、训练目的

（1）了解面包的用料。

（2）掌握不同面包面团的调制。

二、训练方式

教师讲解、演示，学生分组练习。

三、训练准备

1	原料	面粉1000克，水550克，干酵母11克，改良剂适量，盐12克，黄油70克，砂糖120克，奶粉30克等
2	工具	和面机、面刀、擀面杖等

四、操作方法

甜面包的加工技艺如图6–1所示。

【工艺流程】

投料→搅拌→加入油脂→再搅拌→成团→发酵→分割→成型。

【操作步骤】

（1）将原料（除黄油外）放入搅拌容器中，慢速搅拌3分钟，中速搅拌3分钟。

（2）待搅拌成面团后，加入软化的黄油，中速搅拌5分钟后调至高速，搅拌1分钟，停机取面，若可抻拉出手套膜，即可取出面团（此时面团温度最好控制在26℃左右）。

（3）将搅拌好的面团整形后入醒发箱中发酵。

（4）待发酵成熟，将面坯分割成多个重60克的小面坯，搓圆后中间醒发约20分钟。

（5）将中间醒发完成的小面坯根据需要做成不同的形状，即成甜面包生坯。

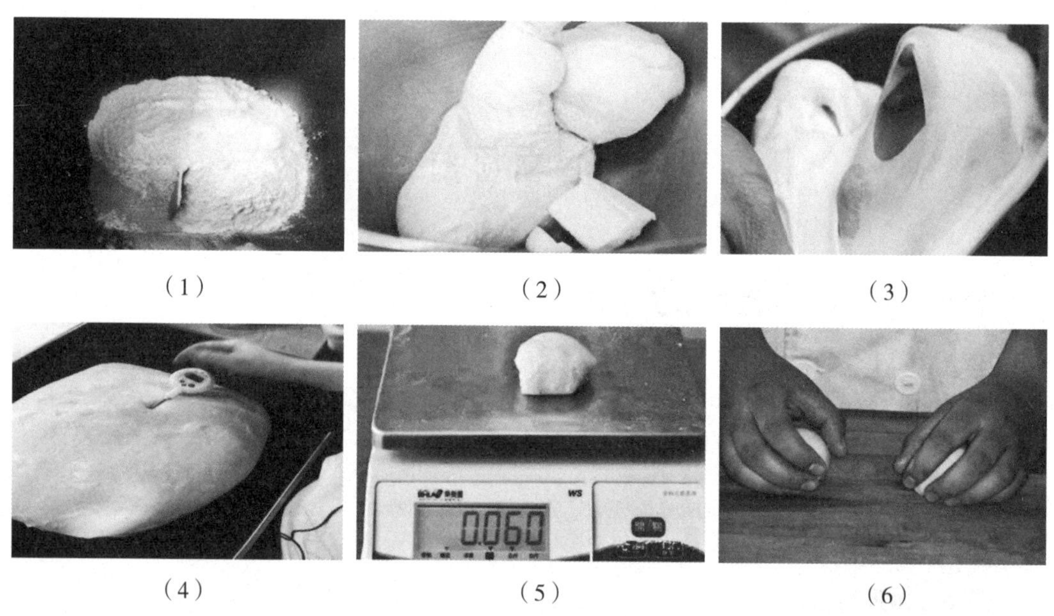

（1）　（2）　（3）

（4）　（5）　（6）

图6–1　甜面包的加工技艺

五、制作关键

（1）搅拌时要使面筋充分扩展。

（2）和面时要正确掌握加水量和面团调制程度。

（3）面团整形时手法要正确，面坯接口朝下。

（4）使用低温水调制面团。

（5）水、面、油温度要接近。

六、质量标准

面团光滑，生坯揉搓有度，形态符合要求。

七、考核要点及评分标准

序号	考核内容	考核要点	配分（分）	评分标准	得分（分）
1	甜面包成型	操作规范，手法干净利落	40	操作不规范、手法不干净利落，扣8～10分	
		形圆、松紧适度		形差、搓得不紧，扣5～8分	
2	时间	20分钟	10	每超出1分钟，扣2分	
3	数量	4个			
合计			50		

实训案例二 法式面包加工技艺

一、训练目的

（1）了解面包的用料。

（2）掌握不同面包面团的调制。

二、训练方式

教师讲解、演示，学生分组练习。

三、训练准备

1	原料	面包粉1000克，干酵母10克，盐20克，水580克等
2	工具	和面机、面刀、擀面杖等

四、操作方法

法式面包的加工技艺如图6–2所示（彩图53）。

【工艺流程】

投料→搅拌→发酵→分割→成型→割刀。

【操作步骤】

（1）将原料放入搅拌容器中，先慢速搅拌4分钟，然后改快速搅拌，快速搅拌6分钟，这时面团相对较硬，搅拌完成后用潮湿的布或塑料薄膜盖好，放发酵箱中发酵成熟（温度控制在24℃左右）。

（2）将醒发好的面坯分割成多个重350克的面坯，进行中间醒发。

（3）将中间醒发好的面坯拉开，拍出气泡，从面坯外侧向内侧卷起，并用后掌压牢，然后码盘，放入温度为30℃、湿度为80%左右的醒发箱中醒发。

（4）对醒发好的面包生坯进行割刀，然后将其放入烤箱烘烤。

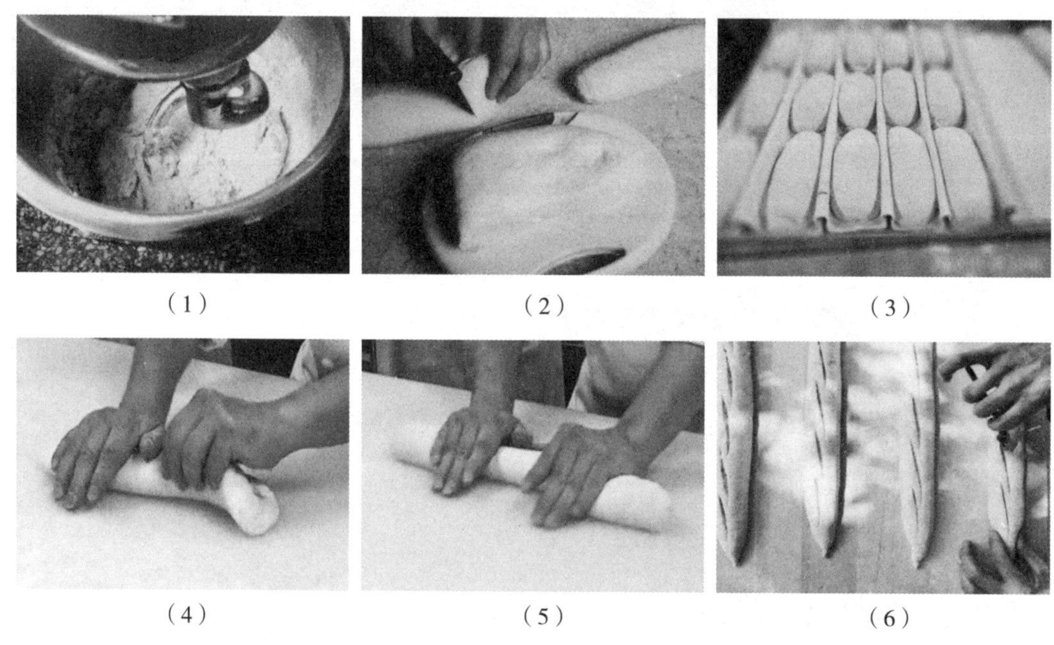

（1） （2） （3）

（4） （5） （6）

图6–2 法式面包的加工技艺

五、制作关键

（1）搅拌时要使面筋充分扩展。

（2）和面时要正确掌握加水量和面团调制程度。

（3）面团整形时手法要正确，面坯接口朝下。

（4）使用低温水调制面团。

（5）水、面、油温度要接近。

六、质量标准

面团光滑，生坯揉搓有度，形态符合要求。

七、考核要点及评分标准

序号	考核内容	考核要点	配分（分）	评分标准	得分（分）
1	法式面包成型	操作规范，手法干净利落	40	操作不规范、手法不干净利落，扣8~10分	
		松紧适度，刀距均匀		松紧度、刀距不符合要求，扣5~8分	
2	时间	20分钟	10	每超出1分钟，扣2分	
3	数量	2个			
合计			50		

实训案例三　牛角包加工技艺

一、训练目的

（1）了解面包的用料。

（2）掌握不同面包面团的调制。

二、训练方式

教师讲解、演示，学生分组练习。

三、训练准备

1	原料	面包粉1000克，干酵母20克，鸡蛋100克，砂糖60克，片状黄油110克，奶粉40克，水550克，精盐20克，酥片600克等
2	工具	和面机、面刀、擀面杖等

四、操作方法

牛角包的加工技艺如图6–3所示（彩图54）。

【工艺流程】

搅拌→分割、松弛→包油→折叠、冷冻→成型。

【操作步骤】

1.搅拌

将除了片状黄油以外的所有原料放入搅拌器中，先慢速搅拌5分钟，再中速搅拌

15分钟，至面筋扩展即可取出整形。

2.分割、松弛

根据需要将面团分割成多个重900克的小面团，然后放在室温（25℃）中松弛10分钟，擀成长片（皮面），放入冰箱冷冻10小时，用时提前常温解冻。也可擀成片后放入冰箱冷藏60分钟后直接使用。

3.包油

将片状黄油整理成皮面的一半大小，包入皮面中。将包好黄油的皮面擀开，采用四折法折一次，擀开后再用三折法折一次。如果面团有劲，可稍松弛或冷冻一段时间后再折叠、擀制。

4.折叠、冷冻

折叠、擀制完毕的面团密封后，放入-20℃的冷柜中冷冻10小时，使用前放入冷藏柜中解冻或在室温中解冻。

5.成型

将解冻好的面团擀成宽30cm、厚0.4cm的长方形片，用刀切成（高30cm、底边长10cm）等腰三角形，双手将其搓卷成牛角形状。

五、制作关键

（1）搅拌时要使面筋充分扩展。

（2）和面时要正确掌握加水量和面团调制程度。

（3）面团整形手法要正确，面坯接口朝下。

（4）使用低温水调制面团。

（5）水、面、油温度要接近。

六、质量标准

面团光滑，生坯揉搓有度，形态符合要求。

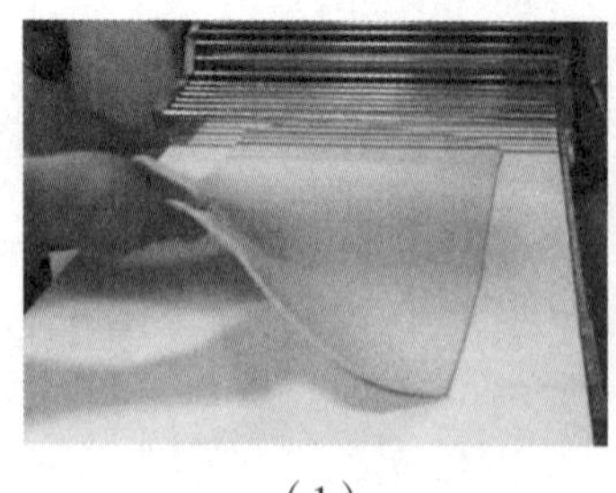
（1）

（2）

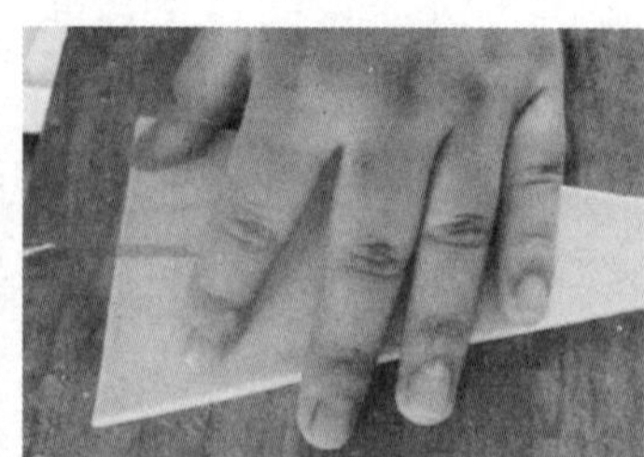
（3）

图6-3　牛角包的加工技艺

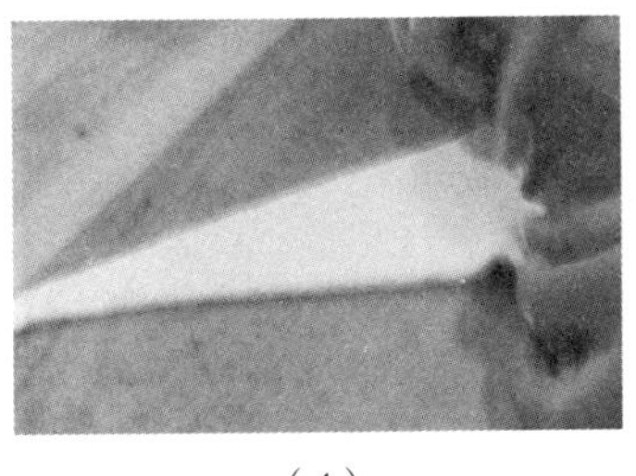
（4）

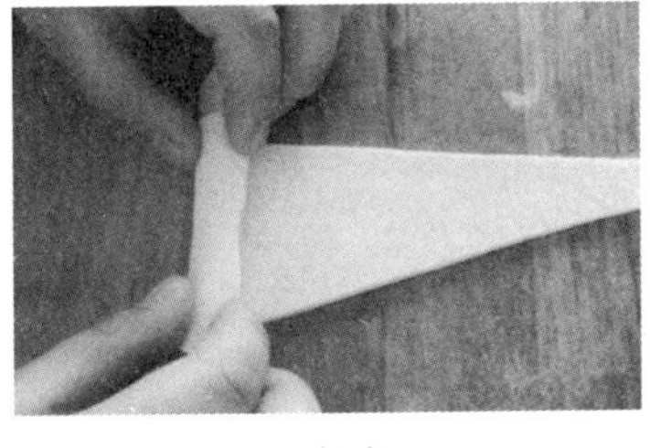
（5）

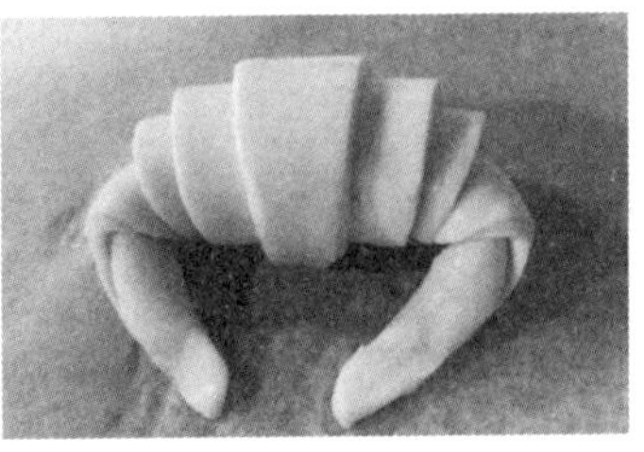
（6）

图6-3　牛角包的加工技艺（续）

七、考核要点及评分标准

序号	考核内容	考核要点	配分（分）	评分标准	得分（分）
1	牛角包成型	操作规范，手法干净利落	40	操作不规范、手法不干净利落，扣8~10分	
		形似牛角、松紧适度		形差、过松或过紧，扣5~8分	
2	时间	20分钟	10	每超出1分钟，扣2分	
3	数量	6个			
合计			50		

搅拌过程中面团的变化

1.初始变化

在这个变化阶段，配方中的干性原料与湿性原料混合在一起，成为一个粗糙且黏湿的面块，用手触摸，此时面团较硬，无弹性，也无延伸性，整个面团显得粗糙，易散落，表面不整齐。

2.面团基本形成

此阶段，面团中的面筋已开始形成，配方中的水分已经全部被面粉等干性原料均匀地吸收。面筋的形成，使面团产生了强大的筋力，整个面团形成一体，并附在搅拌钩上，随着搅拌轴的转动而转动。此时，面团不黏附搅拌缸的缸壁和缸底，但用手触摸面团时仍会黏手，面团表面很湿，用手拉取面团也无良好的延伸性和弹性。

3. 面筋形成

此阶段，面团由坚硬变得松弛，面团表面由黏湿、粗糙变得干燥、光滑，用手触摸面团已具有弹性、延伸性，面团非常柔软，但用手拉取面团时仍会断裂。

4. 面筋扩展

由于机械不断地推揉面团，面团很快变得非常柔软，干燥且不黏手，面团内的面筋已经充分扩展，且具有良好的延伸性，此时，随着搅拌钩转动的面团又会黏附在缸壁上，并发出“噼啪”的打击声和“唧唧”的黏缸声。这时的面团表面干爽而有光泽，细腻整洁，无粗糙感，用手拉取面团时有良好的弹性和延伸性，而且面团比较柔软。此阶段为最佳阶段，这时应停止搅拌。

任务二　清蛋糕的加工技艺

一、训练目的

（1）了解清蛋糕的用料。

（2）理解蛋糕制作原理。

（3）掌握蛋糕糊的调制。

二、训练方式

教师演示、讲解，学生分组练习。

三、训练准备

1	原料	鸡蛋1000克，白砂糖500克，中筋面粉500克，色拉油100克，水200克等
2	工具	搅拌机、刮板等

四、操作方法

【工艺流程】

鸡蛋、白砂糖搅打→加入面粉搅打→加水、加油搅打→完成搅打。

【操作步骤】

（1）将鸡蛋、白砂糖投入搅拌机中用低速搅拌均匀，然后加入中筋面粉，低速搅拌至面粉与鸡蛋液融合，改用高速搅打，待蛋糊膨胀有光泽，用筷子一蘸能拉出长尖时，分次加入水、色拉油，搅拌成乳白色、有光泽的蛋糕糊。

（2）在此基础上可以加入一些辅助原料，改变蛋糕种类及口味。例如，加入可可粉即为可可蛋糕糊，加入绿茶粉即为抹茶蛋糕糊，加入咖啡粉即为咖啡蛋糕糊等。

（3）将蛋糕糊盛在模具里，用刮板刮平表面，振出气泡，然后烤制即可。

清蛋糕的加工技艺如图6-4所示。

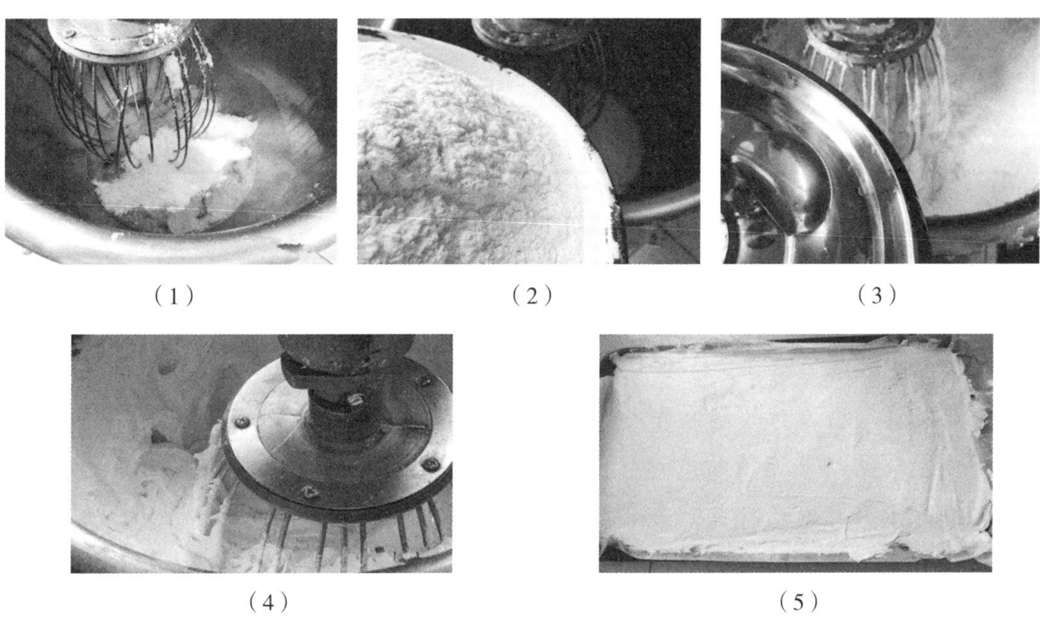

（1）　（2）　（3）

（4）　（5）

图6-4　清蛋糕的加工技艺

五、制作关键

（1）鸡蛋液温度要合适，打发要适度。

（2）加入面粉时搅拌手法要正确、时间要合适。

（3）蛋糕糊要细腻均匀，不能有面疙瘩。

六、质量标准

糊光亮，体积膨胀，原料搅拌均匀。

七、考核要点及评分标准

序号	考核内容	考核要点	配分（分）	评分标准	得分（分）
1	清蛋糕糊制作	操作规范，手法干净利落	40	操作不规范、手法不干净利落，扣8～10分	
		体积膨胀，搅拌均匀		体积膨胀不好、搅拌不均匀，扣5～8分	
2	时间	40分钟	10	每超出1分钟，扣2分	
3	数量	1500克			
合计			50		

清蛋糕的膨松原理

清蛋糕是用鸡蛋液、糖与面粉混合一起搅打制成的膨松制品，其膨松感主要是靠蛋白搅打的起泡作用形成的。蛋白是黏稠的胶体，具有起泡性，当蛋液受到快速而连续的搅打时，空气会进入蛋液内部，并形成细小的气泡，这些气泡均匀地充填在蛋液内，当制品受热、气泡膨胀时，凭借蛋液胶体物质的韧性，其不至于破裂，烘烤中的蛋糕体积因此而膨大。蛋白保持气体的最佳状态是在呈现最大体积之前产生的，因此，过分搅打蛋液会破坏蛋白胶体物质的韧性，使蛋液保持气体的能力下降。蛋黄虽然不含有蛋白中的胶体物质，无法保留住空气，无法打发，但蛋黄与糖和蛋白一起搅拌，易使蛋白形成稠黏的乳液，有助于保存搅打充入的气体，使成品体积膨大而疏松。因为此种蛋糕松软、体积膨大，形似海绵，所以也被称为海绵蛋糕。

清蛋糕面糊的搅拌方法

清蛋糕面糊的搅拌方法，根据蛋液的使用情况不同，可分为全蛋搅拌法（行业称混打法）、分蛋搅拌法（行业称清打法）和使用蛋糕油的搅拌方法。

全蛋搅拌法是将糖与全蛋液放在搅拌容器内一起抽打，待蛋液搅打到体积膨胀为原体积3倍左右的乳白色稠糊状时，加入过筛面粉，再调拌均匀的方法。

分蛋搅拌法是将蛋清、蛋黄分别置于两个搅拌容器中分别打发，当蛋清洁白挺拔、蛋黄光亮黏稠时，将蛋清和蛋黄调和在一起，然后加入过筛面粉调拌均匀的方法。

使用蛋糕油的搅拌方法又称全打法，是将鸡蛋、砂糖、面粉、蛋糕油和水一次放入搅拌容器中，快速抽打至浓稠光亮的方法。此方法是一种方便快捷的新方法，产品品质稳定可靠，而且节约时间。

任务三 曲奇饼干的加工技艺

一、训练目的

（1）了解曲奇饼干的基础用料。

（2）理解饼干的成型原理。

（3）掌握饼干制作关键。

二、训练方式

教师讲解、演示，学生分组练习。

三、训练准备

1	原料	面粉200克，奶油140克，糖粉100克，奶粉8克，鸡蛋40克等
2	工具	烤盘、裱花嘴、裱花袋等

四、操作方法

【工艺流程】

糖粉、奶油搓擦→分次加蛋→分次加入粉料→完成面糊调和。

【操作步骤】

（1）手工搓擦糖粉和奶油至乳化变白，然后分次加入鸡蛋打发。

（2）在打发好的蛋糊中分次加入奶粉、面粉，搓擦成面糊。

（3）将调和好后的面糊装入裱花袋（加裱花嘴），在烤盘上挤出相同形态的曲奇生坯，然后烤制即可，如图6–5所示（彩图55）。

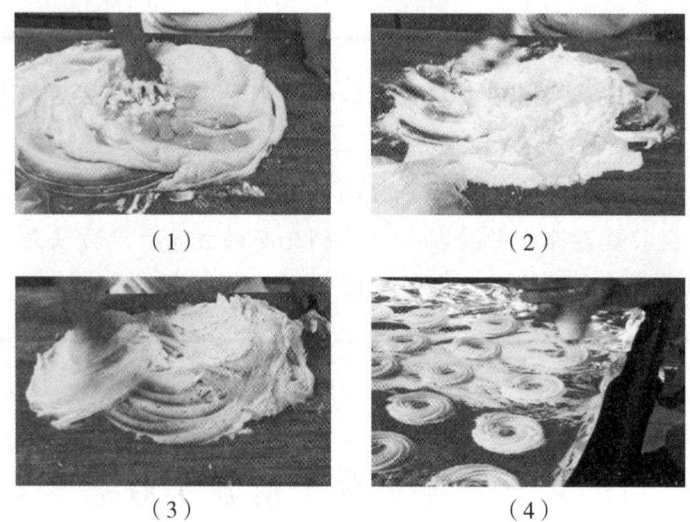

图6–5　曲奇饼干的加工技艺

五、制作关键

（1）配料要准确。

（2）糖粉和奶油一定要打发。

（3）蛋糊要分次加入。

六、质量标准

面糊光亮，形态均匀。

七、考核要点及评分标准

<table>
<tr><th>序号</th><th>考核内容</th><th>考核要点</th><th>配分（分）</th><th>评分标准</th><th>得分（分）</th></tr>
<tr><td rowspan="2">1</td><td rowspan="2">曲奇饼干制作</td><td>操作规范，手法干净利落</td><td rowspan="2">40</td><td>操作不规范、手法不干净利落，扣8～10分</td><td rowspan="2"></td></tr>
<tr><td>大小、薄厚均匀</td><td>大小、薄厚不均匀，扣5～8分</td></tr>
<tr><td>2</td><td>时间</td><td>25分钟</td><td>10</td><td>每超出1分钟，扣2分</td><td></td></tr>
<tr><td>3</td><td>数量</td><td>10个</td><td></td><td></td><td></td></tr>
<tr><td colspan="3">合计</td><td>50</td><td></td><td></td></tr>
</table>

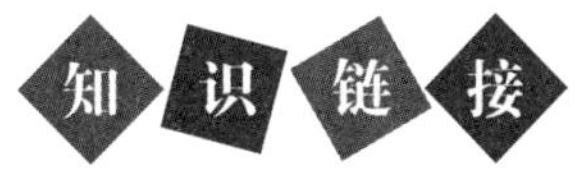

饼干的成型

面坯调制好后，即可根据需要，利用各种不同的技艺，将饼干面坯制成各种形状。饼干成型的方法多种多样，在西式面点中，常用的成型方法有以下几种：

1.挤制法

挤制法又称一次成型法，就是把调制好的饼干面糊装入裱花袋中，直接挤到烤盘上，然后入炉烘烤成熟。此种方法可利用不同的裱花嘴，制成不同的花纹、形状和大小的饼干，具有简便实用、成品生产快的特点，是大多数饼干的成型方法。但要注意，采用此种方法制作饼干，其面坯内不能含有大颗粒配料。

2.切割法

切割法又被称作二次成型法。此方法是将调制好的饼干面坯放入长方形盘或其他容器中，然后放入冰箱冷冻数小时甚至更长时间，待面坯冷却后，用刀切割成型。采用此方法制作的饼干大多是面坯内含有果仁和其他果料的。

面坯冷却的目的，一是方便下一步的加工成型，二是通过冷却的过程使面坯的面筋得以松弛，使烘烤成熟后的成品产生松脆的效果。

3.花戳法

花戳法是把冷却了的面坯擀成一定厚度的面片后，用花戳子戳成各种形状的方法。例如，制作混酥类的饼干时，就常使用花戳法成型。

4.复合法

复合法就是采用多种成型技艺，利用两种以上不同的方法使饼干成型的方法。用复合法加工饼干，较其他方法技艺复杂。运用此方法制作的饼干成品，既可归入饼干类，也可归入甜点类，均是较高级的甜点饼干。例如，蜂蜜果仁巧克力饼干、杏仁糖巧克力饼干等。

任务四　泡芙的加工技艺

一、训练目的

（1）了解泡芙所用原料。

（2）理解泡芙成型原理。

（3）掌握泡芙的制作过程。

二、训练方式

教师讲解、演示，学生分组练习。

三、训练准备

1	原料	水500克，中筋面粉300克，奶粉25克，砂糖20克，鸡蛋400克，黄油250克等
2	工具	微波炉、锅、打蛋器、裱花袋、裱花嘴等

四、操作方法

【工艺流程】

水、油等煮沸→倒入面粉搅拌→晾凉并分次加入蛋液→形成面糊。

【操作步骤】

（1）把水、黄油、砂糖放入锅中煮沸。

（2）将面粉等过筛，加到煮沸的黄油、水等原料液体中，一边加入一边搅拌均匀，将面粉烫熟、烫透，然后离开火源。

（3）待烫熟、烫透的面糊温度达到60℃左右时，逐渐加入蛋液，抽打至面糊软硬适度、有光泽（面糊用铲子提起来呈倒三角形落下）。

（4）将泡芙糊装入加有裱花嘴的裱花袋中，挤成所需形状烘制即可（见图6–6）（彩图56）。

五、制作关键

（1）面粉要烫熟、烫透。

（2）蛋液要分次加入，一次不要加太多。

（3）挤出的生坯大小要均匀。

（1） （2） （3）

（4） （5） （6）

图6-6 泡芙的加工技艺

六、质量标准

大小均匀，光亮饱满。

七、考核要点及评分标准

序号	考核内容	考核要点	配分（分）	评分标准	得分（分）
1	泡芙成型	操作规范，手法干净利落	40	操作不规范、手法不干净利落，扣8～10分	
		大小、薄厚均匀		大小、薄厚不均匀，扣5～8分	
2	时间	3分钟	10	每超出1分钟，扣2分	
3	数量	10个			
合计			50		

知识链接

泡芙的起发原理

泡芙的起发，主要是由泡芙面糊中各种原料特殊的混合方法决定的。油脂是泡芙面糊中的必需原料，油脂既有油溶性，又有柔软性，配方中加入油脂可使面糊有松软的品质，从而增强面粉的混合性。油脂的起酥性会使烘烤后的泡芙有外表松脆的特点。面粉是干性原料，含有蛋白质、淀粉等多种物质，淀粉在适宜水温的作用下可以膨胀、糊化，当水温达到90℃以上时，水分会渗入淀粉颗粒内部，制品体积由此而膨大，产生一定黏度，使面坯黏连，形成泡芙的“骨架”。

泡芙面糊中需有足够的水，这样才能使泡芙面糊在烘烤过程中，在热量的作用下产生大量蒸汽，充满正在起发的面糊，使制品膨胀并形成中空的效果。

鸡蛋在面糊中也很重要，把鸡蛋加入烫好的面团内使其充分混合，鸡蛋中的蛋白质可使面团具有延伸性，这样当气体膨胀时能使面糊增大体积。烘烤中烤箱的热量会使蛋白质凝固，使增大的体积固定，而鸡蛋中的蛋黄具有乳化性，可使面糊变得柔软、光滑。

任务五　清酥面团的加工技艺

一、训练目的

（1）了解制作清酥面团所用的原料。

（2）理解清酥面团制作原理。

（3）掌握清酥面团制作的基础技法。

二、训练方式

教师讲解、演示，学生分组练习。

三、训练准备

1	原料	黄油250克、面粉300克、盐适量等
2	工具	擀面杖等

四、操作方法

1. 调制水面团

在面案上的过筛面粉中间挖一个坑，放入盐、少量黄油，然后慢慢加入冷水，调制均匀。

2. 静置醒面

将调好的面团滚圆，并在面团顶部用刀割一个“十”字形裂口，深度约为面团高度的一半，并用潮湿的布盖在面团表面，静置醒面。

3. 调制油脂面团

在工作台上，在黄油块上加少量面粉反复搓擦，待将其制成正方形后，入冰箱冷藏（也可以直接用片状起酥油）。

4. 包油

将静置好的水面团擀成四边薄、中间厚的正方形面坯，将油脂面团放在面坯中央，然后分别把面坯四角包盖在中间的油脂面团上，面坯上下厚度应一致。

5. 擀、叠

将面坯放在撒有少许干面粉的工作台上，用擀面杖对角猛砸几下，形状变薄后，从面坯中间部分向前后擀开，当将面坯擀成长度与高度的比例为3：2时，从面坯两边折叠上来，叠成三折，然后将折叠成三折的长方形面坯横过来，进行第二次擀制，并折成四折，然后放入冰箱冷却。冷却后手摸黄油稍有硬度时，就可以进行第三次和第四次擀制了。待面坯全部折叠好后，将面坯放入托盘，用保鲜膜密封好，放入冰箱备用即可（见图6-7）。

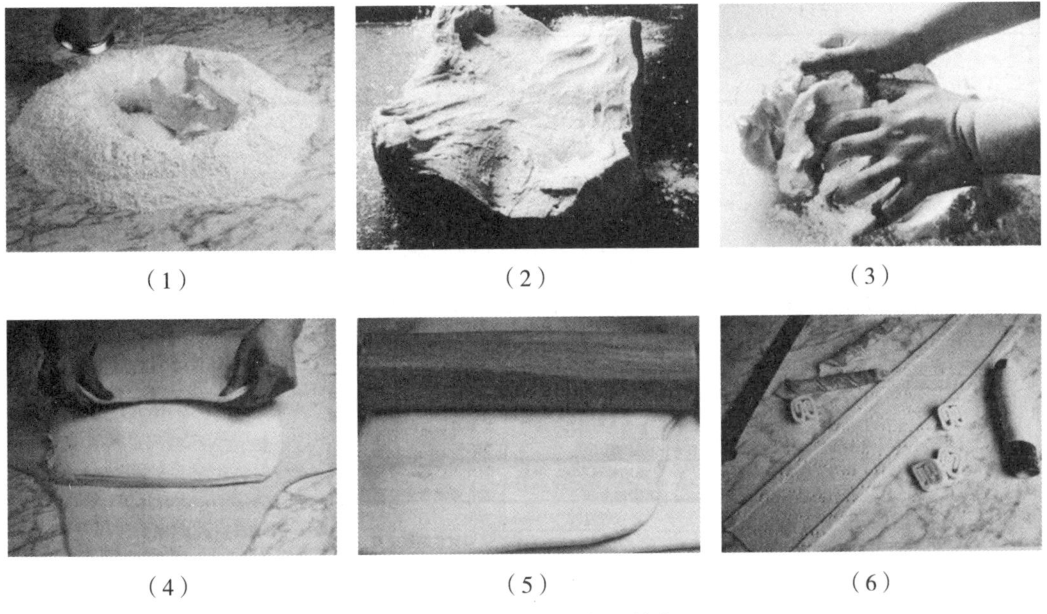

（1）（2）（3）（4）（5）（6）

图6-7　清酥面团的加工技艺

五、制作关键

（1）调制面坯时要选择高筋面粉。

（2）要选择含水量少的油脂。

（3）包入的油脂面团应与水面团的软硬程度一致。

六、质量标准

面团光滑细腻，表面平整，层次清晰。

七、考核要点及评分标准

序号	考核内容	考核要点	配分（分）	评分标准	得分（分）
1	清酥面团	面团软硬适度	40	面团软硬不合适扣5~8分	
		包油要严		包油不严扣3~5分	
		擀、叠方法正确		擀、叠方法不正确扣5~8分	
		操作手法干净利落		操作手法不干净利落扣3~5分	
2	时间	60分钟	10	每超出1分钟扣3分	
3	数量	1份面团（450克）			
合计			50		

清酥面团的起酥原理

清酥面团形成层次和膨胀的原因主要有以下两点：

一是由湿面筋的特性所致。清酥面团大多选用面筋质含量较高的面粉，这种面粉中的面筋具有很强的吸水性、伸延性和弹性，当面筋吸水和成面团后，面筋网络有像气球一样可以被充气的特性，可以保存在烘烤中所产生的水蒸气，从而使面坯产生膨胀力。每一层面坯都可随着空气的充入而膨胀，直到面团内水分完全被烤干或面团完全熟化、失去活性。

二是清酥面团中有产生层次能力的结构和原料，因此烤制以后会形成层次。所谓结构，是指清酥面坯在制作时，水面团和油脂互为表里，有规律地相互隔绝。当面坯入炉受热后，面坯中的水面团受热会产生水蒸气，这种水蒸气滚动形成的压力使各层开始膨胀，即下层面皮所产生的水蒸气压力胀起上层面皮，进而逐层胀大。随着面坯的熟化，油脂被吸收到面皮中，面皮在油脂的环境中会膨胀和变形，逐层产生间隔，随着温度的升高和时间的延长，面坯水分逐渐减少，形成一层层"炭化"变脆的面坯结构。油脂受热溶化渗入面坯，面坯层由于面筋质的存在仍然保持原有的片状层次结构。

任务六　混酥面团的加工技艺

一、训练目的

（1）了解混酥面团所用原料。

（2）理解起酥原理。

（3）掌握混酥面团的调制方法。

二、训练方式

教师讲解、演示，学生分组练习。

三、训练准备

1	原料	中筋面粉1000克，黄油500克，砂糖250克，鸡蛋200克，精盐5克等
2	工具	擀面杖、刮板、各种模具等

四、操作方法

【工艺流程】

配料→搅拌油、糖、蛋等→拌粉→成团。

【操作步骤】

（1）将面粉过筛后放在面案上，将黄油、鸡蛋、砂糖、精盐放入面粉围成的面圈中。

（2）将搅拌均匀的油、糖、蛋糊与干面粉快速混合，并清理手指和面案上的零散颗粒，使其调成絮状。

（3）将絮状面叠揉成柔软、光滑的面团，冷却备用。

（4）冷却后的面坯，擀好后铺入各式模具中，并在面坯上打适量孔备用，如图6–8所示。

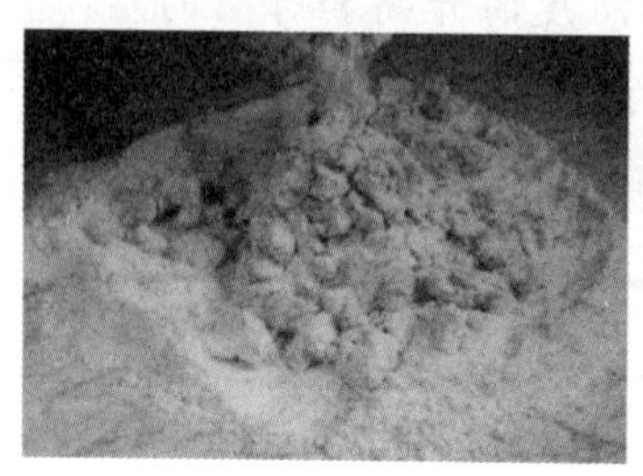
（1）

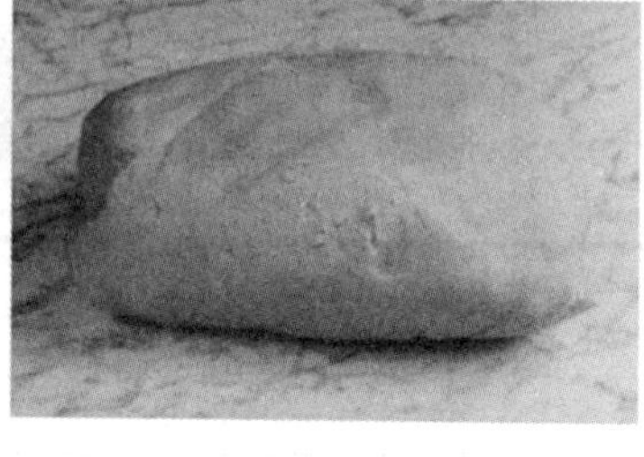
（2）

（3）

图6–8　混酥面团的加工技艺

五、制作关键

（1）面团不能过多揉搓。

（2）制品成型要整齐、规整。

六、质量标准

面团软硬合适，形态整齐、美观。

混酥面团的酥松原理

混酥面团的酥松性，主要是由面团中的面粉和油脂等原料的性质决定的。油脂本身是一种胶性物质，具有一定的黏性和表面张力，当油脂与面粉有机结合在一起时，面粉的颗粒会被油脂包围，并牢牢地与油脂黏结在一起，面粉颗粒间形成一层油脂膜，这层油脂膜紧紧依附在面粉颗粒表面，使面坯中的面粉蛋白质不能吸水形成面筋网络，所以混酥面坯较其他面坯松散，没有黏度和筋力。随着黄油、鸡蛋的加入、搅拌，面粉颗粒之间的距离加大，且

空隙中充满了空气，当面坯烘烤时，空气受热膨胀，制品由此产生酥松性。这类面坯油脂比例越高制品酥松性越强。

混酥类制品的加工技艺

1. 油面调制法

油面调制法就是先将油脂和面粉一同放入搅拌缸内，慢速或中速搅拌，当油脂和面粉充分融合后，再加入鸡蛋等原料的调制方法。

这类混酥面坯的制作，要求面坯中的油脂完全渗透到面粉之中，这样才能使烘烤后的制品具有酥松的特性，而且制品表面较平整、光滑。

2. 油糖调制法

油糖调制法是先将油脂和糖一起搅拌，然后再加入鸡蛋、面粉等原料的调制方法。此方法也是西式面点生产中常用的调制方法。

七、考核要点及评分标准

序号	考核内容	考核要点	配分（分）	评分标准	得分（分）
1	混酥面团	油、糖、蛋乳化均匀	40	油、糖、蛋乳化不均匀扣3～5分	
		面团软硬合适		面团软硬不合适扣5～8分	
		操作手法干净利落		操作手法不干净利落扣3～5分	
2	时间	20分钟	10	每超出1分钟扣1分	
3	数量	1份面团（450克）			
合计			50		

本项目介绍了西式面点的基本加工技艺，即面包面团的加工技艺、清蛋糕的加工技艺、曲奇饼干的加工技艺、泡芙的加工技艺、清酥面团的加工技艺、混酥面团的加工技艺等，并有相关的理论指导，力图使学生更好地完成各种加工技艺。

项目测试

一、选择题

1. 搅打面包面团时（　　）原料要在面筋扩展阶段加入。

A. 糖　　B. 巧克力　　C. 黄油　　D. 鸡蛋

2. 在蛋糕糊体积膨大中起关键作用的原料是（　　）。

A. 面粉　　B. 水　　C. 盐　　D. 鸡蛋

3. 在制作蛋糕糊时，为了避免消泡，（　　）要最后加入。

A. 油脂　　B. 牛奶　　C. 炼乳　　D. 面粉

4. 在制作曲奇饼干糊时，（　　）要分次加入。

A. 黄油　　B. 糖粉　　C. 鸡蛋　　D. 酵母

5. 泡芙面糊中加入蛋液时，面糊的温度应在（　　）。

A.20℃左右　　B.40℃左右　　C.60℃左右　　D.80℃左右

6. 混酥面坯较其他面坯（　　）。

A. 松散　　B. 黏稠　　C. 无区别　　D. 硬

二、判断题

1. 法式面包割刀没有具体要求，随意割几下就好。（　　）
2. 混酥面团不能过多揉搓。（　　）
3. 牛角包制成前要先切割成等腰三角形。（　　）
4. 制作曲奇饼干时，要将所有原料一同搅拌。（　　）
5. 制作清蛋糕面糊时，油脂要提前加入。（　　）
6. 调制泡芙面糊时，面粉一定要烫透、搅匀。（　　）

参考文献

[1] 林小岗，唐美雯.中式面点技艺[M].2版.北京：高等教育出版社，2009.
[2] 王美萍.西式面点工艺[M].北京：中国劳动社会保障出版社，2005.
[3] 边兴华.西式面点师（初级）[M].北京：中国劳动社会保障出版社，2005.
[4] 张丽.中式面点[M].北京：科学出版社，2012.
[5] 陈霞，朱长征.西式面点工艺[M].武汉：华中科技大学出版社，2020.